产教融合信息技术类“十三五”规划教材
中慧云启科技集团有限公司校企合作系列教材
广东省“十四五”职业教育规划教材

刘海 王美妮◎主 编
艾迪 王爱华 刘斌◎副主编

U0265211

Vue 应用程序开发

Vue Application Development

人民邮电出版社
北 京

图书在版编目（CIP）数据

Vue应用程序开发 / 刘海，王美妮主编. -- 北京 : 人民邮电出版社，2021.3（2024.6重印）
产教融合信息技术类“十三五”规划教材
ISBN 978-7-115-55180-1

Ⅰ. ①V… Ⅱ. ①刘… ②王… Ⅲ. ①网页制作工具－程序设计－高等学校－教材 Ⅳ. ①TP393.092.2

中国版本图书馆CIP数据核字(2020)第211412号

内容提要

本书较为全面地介绍了Vue.js技术的基础知识与实战项目开发，以案例教学为引导，以培养读者能力为目的，充分体现了“做中学，学中做”的思想，以方便更多的初学者轻松地掌握本书的内容。本书分为3篇，第1篇为基础知识，包括第1～6章；第2篇为工程化项目开发，包括第7～9章；第3篇为工程化项目实战，包括第10章。各章具体内容为Vue.js入门、第一个Vue.js应用、Vue.js内置指令、Vue.js组件、Vue.js过滤器和自定义指令、Vue.js过渡和动画、Vue脚手架、Vuex、跨平台开发Weex和实战项目开发。

本书内容组织合理、通俗易懂，突出实用性，适合作为高校计算机相关专业的教材，也适合计算机培训班教学使用，还可作为计算机爱好者的自学参考用书。

◆ 主　　编　刘　海　王美妮
副 主 编　艾　迪　王爱华　刘　斌
责任编辑　郭　雯
责任印制　王　郁　彭志环

◆ 人民邮电出版社出版发行　　北京市丰台区成寿寺路11号
邮编　100164　　电子邮件　315@ptpress.com.cn
网址　https://www.ptpress.com.cn
北京市艺辉印刷有限公司印刷

◆ 开本：787×1092　1/16
印张：15.5　　2021年3月第1版
字数：401千字　　2024年6月北京第12次印刷

定价：49.80元

读者服务热线：(010)81055256　印装质量热线：(010)81055316
反盗版热线：(010)81055315
广告经营许可证：京东市监广登字20170147号

前言 FOREWORD

Vue.js 是一款优秀的前端开发框架，是较适合初学者学习的 MVVM（Model-View-ViewModel）框架之一。党的二十大报告指出：“推动战略性新兴产业融合集群发展，构建新一代信息技术、人工智能、生物技术、新能源、新材料、高端装备、绿色环保等一批新的增长引擎。”Vue 作为新一代前端框架，具有轻量级、组件化、API（应用程序编程接口）友好等优点，受到企业前端开发人员的欢迎。本书在内容组织上深入浅出、图文并茂，以案例教学为引导，以培养读者能力为目的，简化了冗余难懂的理论内容，强调实际操作。本书的主要特点如下。

1. 案例式教学

本书中的案例来自于实际项目，体现了“教、学、做一体化”的思想，方便读者快速上手，能够培养读者实际操作的动手能力。

2. 内容组织合理

本书按照由浅入深的顺序，分为基础知识、工程化项目开发和工程项目实战 3 篇。基础知识篇介绍了项目开发所需要的 Vue.js 基础知识；工程化项目开发篇讲解了 Vue 脚手架、Vuex 和 Weex 的相关内容；工程化项目实战篇通过实战项目带领读者整合前面章节所学习的内容。

3. 教学资源丰富

本书配备了丰富的教学资源，包括视频、教学课件、教学大纲、课后习题答案和源代码等。读者可登录人邮教育社区（https://www.ryjiaoyu.com/）免费获取相关资源。

本书由成都中慧科技有限公司组织编写，由刘海、王美妮任主编，由艾迪、王爱华、刘斌任副主编。编者具有丰富的前端开发课程授课经验，同时具有使用 HTML、CSS 和 JavaScript 等技术进行实际项目开发的经验。

本书虽经过编写团队多次集体讨论、修改、补充和完善，但疏漏和不足之处在所难免，敬请读者批评指正。

编者

2023 年 1 月

目录 CONTENTS

第 1 篇　基础知识

第 1 章

第 2 章

第3章

第4章

第 8 章

第 9 章

第 3 篇 工程化项目实战

第 10 章

第 1 篇

基础知识

第 1 章

Vue.js入门

01

内容导学

本章主要介绍 Vue.js 和 MVVM 模式，帮助读者理解 MVVM 模式和 Vue.js 的工作原理，以及了解为什么要使用 Vue.js。通过本章的学习，读者可以对 Vue.js 有一个初步的认识，为以后更好地学习 Vue.js 打下基础。

学习目标

① 了解 Vue.js 及 Vue.js 的特点。
② 了解为什么要使用 Vue.js。
③ 理解 MVVM 模式。
④ 理解 Vue.js 的响应式。

1.1 初识 Vue.js

Vue.js 是目前比较热门的前端框架之一，具有易用、灵活、高效等特点。Vue.js 的目标是通过尽可能简单的 API 实现双向数据绑定和组合。下面来认识一下 Vue.js。

1.1.1 什么是 Vue.js

Vue（读音/vju：/，类似于 view）是一套用于构建用户界面的渐进式框架。与其他大型框架不同的是，Vue 被设计为可以自底向上逐层应用。Vue 的核心库只关注视图层，不仅易于上手，还便于与第三方库或既有项目整合。此外，当与现代化的工具链以及各种支持类库结合使用时，Vue 也完全能够为复杂的单页应用提供驱动。

渐进式框架的优点是灵活、易用和高效。Vue.js 颠覆了传统前端开发模式，提供了现代 Web 开发中常见的高级功能。

1.1.2 为什么要使用 Vue.js

Vue.js 是一个优秀的前端开发框架，它之所以受前端开发人员的青睐，主要是因为它具有很多突出的优点，颠覆了传统的前端开发模式。Vue.js 通过模型-视图-视图模型（Model-View-ViewModel，MVVM）思想实现数据的双向绑定，让开发者不用频繁操作 DOM 对象，有更多的时间去思考业务逻辑。下面通过两段代码来比较传统开发模式和使用 Vue.js 开发的不同，代码如下。

```
<div id="output"></div>
    <button id="increment">点击自增</button>
```

```
<script type="text/javascript">
    var counter = 0;
    $(document).ready(function() {
        var $output = $('#output');
        $('#increment').click(function() {
            counter++;
            $output.html(counter);
        });
        $output.html(counter);
    });
</script>
```

上面这段代码直接操作 DOM 元素，通过事件机制来响应用户交互操作，使得视图代码和业务逻辑耦合在一起。随着功能的不断增加，代码会越来越难以维护。

```
<div id="app">
        <div>{{ counter}}</div>
        <button v-on:click="increment">点击自增 </button>
    </div>
    <script type="text/javascript">
        new Vue({
            el: '#app',
            data: {
                counter: 0
            },
            methods: {
                increment: function() {
                    this.counter++;
                }
            }
        });
    </script>
```

Vue.js 通过 MVVM 模式将代码拆分为视图与数据两部分，开发者只需要关心数据即可，视图部分会根据数据的变化自动响应与更新。

通过比较可以发现，使用 jQuery 需要频繁地操作 DOM 元素去更新视图，而使用 Vue.js 时只需关心数据，更新 DOM 由 Vue 来完成，这就是 Vue.js 的数据双向绑定的特点。数据双向绑定是 Vue.js 的核心，它采用简洁的模板语法将数据渲染到视图中。

当然，除了数据双向绑定特点之外，Vue.js 还具有以下主要特点。

1. 轻量高效

Vue.js 压缩后只有几十千字节，它通过简洁的 API 提供高效的数据绑定和灵活的组件系统。

2. 组件化开发

通过模块封装，Vue.js 可以对一个 Web 开发中设计的各种模块进行拆分，使其变成单独的组件，并通过数据绑定来调用对应的组件，同时传入参数，完成对整个项目的开发。

3. 前端路由

Vue-Router 是 Vue.js 官方的路由管理器，它和 Vue.js 框架的核心深度集成于一体，可以非常方便地用于单页面应用程序的开发。路由用于设定访问路径，根据路径的不同，驱动不同的组件，实现单页面的展示。

4. 状态管理

Vuex 是一个专为 Vue.js 应用程序开发的状态管理模式，负责把需要共享的变量或数据全部存储在一个对象中，供其他组件使用。它集中地存储管理应用的所有组件的状态，并以相应的规则保证状态以一种可预测的方式发生变化。

5. 虚拟 DOM

虚拟 DOM 就是一种可以预先通过 JavaScript 进行各种计算，把最终的 DOM 操作计算出来并优化的技术。由于此 DOM 操作属于预处理操作，并没有真实的操作 DOM，所以又称为虚拟 DOM。计算完毕后，虚拟 DOM 才会真正地将 DOM 操作提交，将 DOM 操作变化反映到 DOM 树上。虚拟 DOM 是 React 引入的思想，用来解决浏览器的性能问题。

1.1.3 MVVM 模式

前面的实例中提到 Vue.js 在设计上使用了 MVVM 模式。MVVM 本质上是模型-视图-控制器（Model-View-Controller，MVC）的改进版。MVVM 模式使用的是数据绑定基础架构，它可以轻松构建视图用户界面（User Interface，UI）的必要元素。ViewModel 负责取出 Model 数据的同时帮忙处理视图（View）中由于需要展示内容而涉及的业务逻辑。MVVM 没有 MVC 模式的控制器，也没有模型-视图-展示器（Model-View-Presenter，MVP）模式的展现器，有的只是一个绑定器。在视图模型中，绑定器在视图和数据绑定器之间进行通信。开发人员只需在 HTML 上编写一些绑定器，利用一些指令绑定，采用数据双向绑定模式，视图的变化就会自动更新到 ViewModel 中，ViewModel 的变化也会自动同步到视图中进行显示。MVVM 模式实现了视图和数据的分离、UI 设计与业务逻辑的分离，大大减少了烦琐的 DOM 操作。MVVM 代表框架有 Vue.js、React.js、Angular.js 和 Ember.js。

Model：MVVM 中的 Model 简写为 M。Model 代表整个 Web 项目所需要的数据模型，Model 含有大量信息，但它并不具有任何行为逻辑，它只是数据，因而它不会影响浏览器如何展示数据。

View：在 MVC 中，View 是不能自己改变的，通常由控制器操作 DOM 来改变 View。而在 MVVM 中，View 是具有主动性的，因为它包括了一些数据绑定、事件和行为，这些都会直接影响 Model 和 ViewModel。View 不但负责自身的展示，而且会将自身的变化同步到 ViewModel 中。

ViewModel：MVVM 中的 VM 可以被看作 MVC 中的控制器，VM 主要负责用一定的业务逻辑对数据进行改变或转换，也负责将 Model 的变化反映到 View 上，而当 View 自身有变化时，也会同步 Model 进行改变。经典的 MVVM 模型如图 1-1 所示。

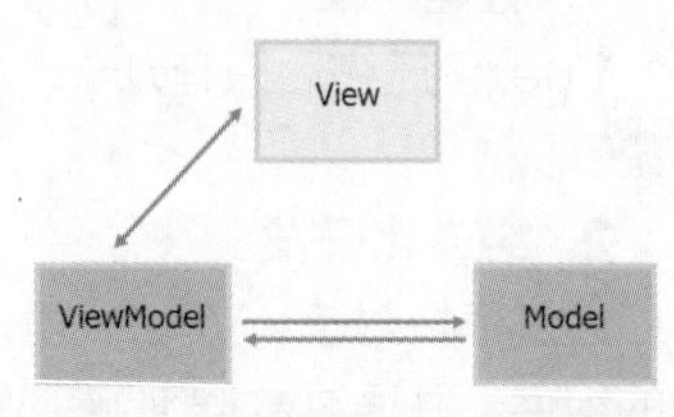

图 1-1　经典的 MVVM 模型

从图 1-1 中可以看出以下内容。

（1）Model 与 ViewModel 之间的双向关系。

① Model 可以通过 Ajax 通信，发送数据给 ViewModel。

② ViewModel 也可以通过 Ajax 通信，发送请求给 Model。

（2）ViewModel 与 View 之间的双向关系。

① ViewModel 中数据的改变可以同时改变 View 上的显示内容。

② View 上显示内容的改变可以同时改变 ViewModel 中对应的数据。

1.2 使用 Vue.js 理解 MVVM 模式

Vue.js 是一个提供了 MVVM 模型的双向数据绑定的 JavaScript 框架，专注于 View 层。它的核心是 MVVM 中的 VM，即 ViewModel。ViewModel 负责连接 View 和 Model，保证视图和数据的一致性，这种轻量级的框架使前端开发更加高效和便捷。

在 Vue.js 中，呈现页面的 HTML 标签是 View，Model 是用于渲染的数据，ViewModel 是创建的 Vue 实例。数据可以在 Vue 实例中写，也可以重新创建一个装载数据的对象。Vue.js 的最大特点是实现了数据的双向绑定。在一般情况下，需要通过编写代码，对从服务器获取的数据进行渲染，并展现到视图中。每当数据有变更时，会再次进行渲染，从而更新视图，使得视图与数据保持一致。Vue 不会反复渲染页面更新视图，而是会通过用户的交互，产生状态、数据的变化，将视图对数据的更新同步到 ViewModel 中，进而提交到后台服务器。

图 1-2 中的 DOM Listeners 和 Data Bindings 可以看作两个工具，它们是实现双向绑定的关键。当 View 发生变化时，ViewModel 中的 DOM Listeners 工具会监测页面中 DOM 元素的变化，如果有变化，则更改 Model 中的数据；当 Model 中的数据更新时，Data Bindings 工具会更新页面中的 DOM 元素。

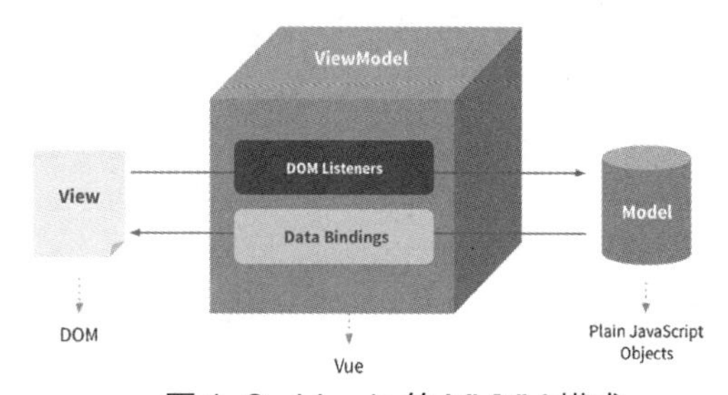

图 1-2　Vue.js 的 MVVM 模式

下面通过一个实例帮助读者进一步了解数据的双向绑定。在 Vue.js 中，可以使用 v-model 指令在表单上创建双向数据绑定，代码如下。

```
<div id="app">
<p>input 元素：</p>
<input v-model="message" placeholder="请输入……">
<p>消息是: {{ message }}</p>
</div>
<script>
  new Vue({
  el: '#app',
  data: {
     message: 'hello',
  }
})
</script>
```

输入内容前后的代码运行结果如图 1-3 和图 1-4 所示。

在上述实例中，MVVM 与 Vue 的对应关系如下：Model 对应数据 data；View 对应<div id="app"></div>；ViewModel 对应 new Vue({…})。View 和 Model 可以通过数据绑定的

方式相互影响，ViewModel 是把 Mode 和 View 连接起来的连接器。

input 元素：
hello
消息是: hello

图 1-3　输入内容前的代码运行结果

input 元素：
Vue.js你好！
消息是: Vue.js你好！

图 1-4　输入内容后的代码运行结果

1.3　Vue.js 的响应式理解

Vue.js 是一套响应式系统（Reactivity System）。许多前端框架（如 Angular、React、Vue）都有自己的响应式引擎。对于 Vue 响应式，官方文档的解释是，当用户把一个普通的 JavaScript 对象传给 Vue 实例的 data 选项时，Vue.js 将遍历此对象的所有属性，并使用 Object.defineProperty 把这些属性全部转换为 getter/setter。简单来说，即在修改 data 属性之后，Vue.js 会立刻监听，立刻渲染并更新页面。下面通过一个实例来具体理解 Vue.js 的响应式，代码如下。

```
<div id="app">
        <div>Price :￥{{ price }}</div>
        <div>Total:￥{{ price * quantity }}</div>
        <div>Taxes:  ￥{{ totalPriceWithTax }}</div>
        <button @click="changePrice">改变价格</button>
</div>
 <script type="text/javascript">
      var app = new Vue({
      el: '#app',
      data() {
         return {
         price: 5.0,
         quantity: 2
      };
  },
  computed: {
     totalPriceWithTax() {
        return this.price * this.quantity * 1.03;
     }
  },
  methods: {
     changePrice() {
        this.price = 10;
     }
  }
})
</script>
```

价格改变前后的浏览器页面渲染效果如图 1-5 和图 1-6 所示。

在以上实例中，当数据 price 发生变化的时候，Vue.js 就会自动做 3 件事情：更新页面中 price 的值；计算表达式 price*quantity 的值，更新页面；调用 totalPriceWithTax 函数，更新页面。数据发生变化后，会重新对页面进行渲染，这就是 Vue 响应式。那么，这一切是怎么做到的呢？想完成这个过程，就需要侦测数据的变化，在收集视图依赖于哪些数据和数据变化时，自动“通知”需要更新的视图部分并进行更新，即所谓的数据劫持/数据代理、依赖收集和发布订阅模式。其中，最核心的方法便是通过 Object.defineProperty()来实现对属性的监听，达到监听数据变动的目的。要实现 MVVM 的数据双向绑定，就必须实现以下几点。

Price :￥5
Total:￥10
Taxes: ￥10.3
改变价格

图 1-5　价格改变前的浏览器页面渲染效果

Price :￥10
Total:￥20
Taxes: ￥20.6
改变价格

图 1-6　价格改变后的浏览器页面渲染效果

（1）实现一个数据监听器（Observer），能够对数据对象的所有属性进行监听，如有变动可取得最新值并通知订阅者。

（2）实现一个指令解析器（Compile），对每个元素节点的指令进行扫描和解析，根据指令模板替换数据，以及绑定相应的更新函数。

（3）实现一个订阅者（Watcher），作为连接 Observer 和 Compile 的桥梁，能够订阅并收到每个属性变动的通知，执行指令绑定的相应回调函数，从而更新视图。Vue 响应式实现原理如图 1-7 所示。

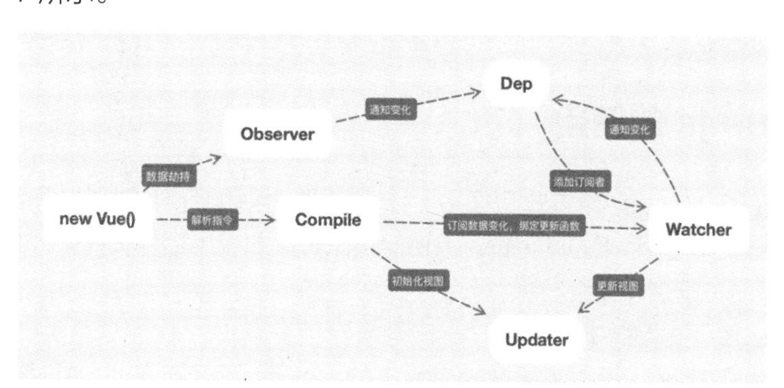

图 1-7　Vue 响应式实现原理

1.4 本章小结

本章主要介绍了与 Vue.js 相关的一些概念和 Vue.js 的主要特点，对 Vue.js 的 MVVM 模式进行了详细介绍，最后介绍了 Vue.js 的响应式实现原理。

1.5 本章习题

简答题

（1）如何解释 MVVM?

（2）解释 Vue.js 的响应式实现原理。

（3）使用 Vue.js 完成简单的数据绑定验证。

第 2 章

第一个Vue.js应用

02

内容导学

每一个框架的建立都是为了解决某个具体的问题，都有其专属的语法和规则。作为当前比较流行的前端开发框架，Vue.js 也有其独特的魅力。本章将以最简单的 Vue.js 程序为例，带着读者领略它的独特魅力。

学习目标

1. 创建第一个 Vue 程序。
2. 了解 Vue 程序结构。
3. 熟悉实例及选项。
4. 熟悉数据绑定。
5. 掌握 Vue 计算属性，了解其与 methods 的区别。
6. 了解 Vue 的生命周期。

2.1 Vue.js 的使用

在项目中使用 Vue.js 的方式有很多，本章所要讲解的几种方式较为简单，分别是将 Vue.js 下载到本地、使用 CDN 引入 Vue.js 和通过 Node 包管理器（Node Package Manager，NPM）安装 Vue.js。

1. 将 Vue.js 下载到本地

访问 Vue.js 的官网，根据需要把相应版本的 Vue.js 下载到本地，并通过<link>标签将其引用到 HTML 文件中。Vue.js 下载界面如图 2-1 所示。

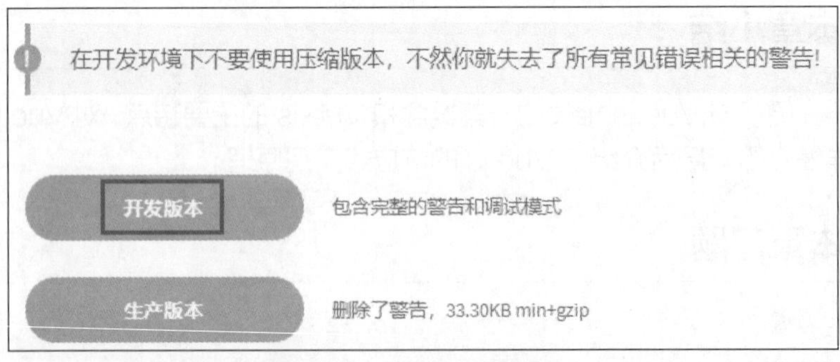

图 2-1 Vue.js 下载界面

下载完成后，将文件放置到项目目录中，可以通过以下代码引入 Vue.js（注意文件路径）。

```
<script src="Vue.js" type="text/javascript" charset="utf-8"></script>
```

提 示　　在项目开发中，建议下载及使用开发版本，以便在控制台提示错误时调试程序。

2. 使用 CDN 引入 Vue.js

除了可以使用下载的 Vue.js 以外，还可以在 HTML 文件中直接使用 CDN 引入 Vue.js。访问网址 https://www.bootcdn.cn，在搜索框中输入“vue”，单击下方的“vue”按钮，找到 https://cdn.bootcss.com/vue/2.6.10/vue.js。搜索及查找 Vue.js 的界面，如图 2-2 和图 2-3 所示。

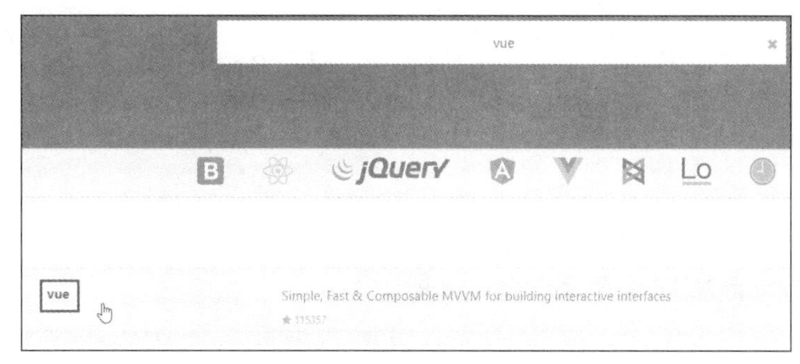

图 2-2　搜索 Vue.js 的界面

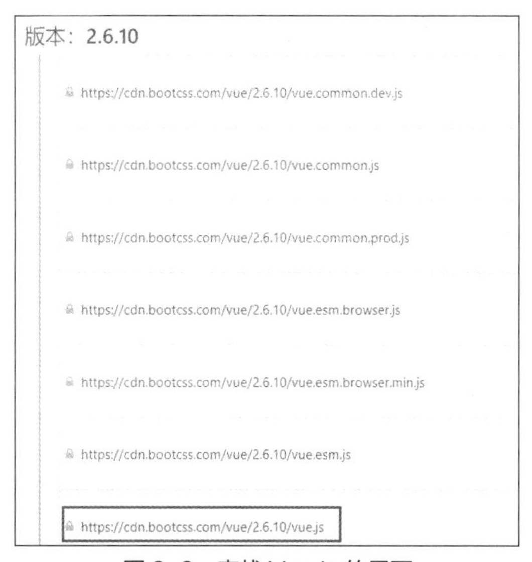

图 2-3　查找 Vue.js 的界面

找到 Vue.js 后，复制该地址，在 HTML 文件中可以通过以下代码直接引用 Vue.js。

```
<script src=" https://cdn.bootcss.com/vue/2.6.10/vue.js "></script>
```

提 示　　Vue.js 会定期更新，不一定要使用其最新版本。另外，不建议使用 Vue.min.js，虽然这个文件更小，但是不提供报错信息功能，不方便代码调试。

3. 通过 NPM 安装

使用 NPM 安装 Vue.js 时需要先安装 Node.js。使用 NPM 安装 Vue.js 属于工程化的开发，在第 7 章中将详细介绍，因此前 7 章可以通过下载或引入 CDN 的方式来使用 Vue.js。

4. Vue.js 的 Hello World 程序

下面从一段简单的 HTML 代码开始，从 Hello World 程序中感受 Vue.js 最核心的功能和编程方法，代码如下。

```
<body>
    <div id="app"> {{msg}}</div>
    <script src="js/Vue.js"></script>
    <script type="text/javascript">
            var vm=new Vue({
            el:'#app',
            data:{
                msg:'Hello world!'
            }
    });
  </script>
</body>
```

Hello World 程序的渲染效果如图 2-4 所示。

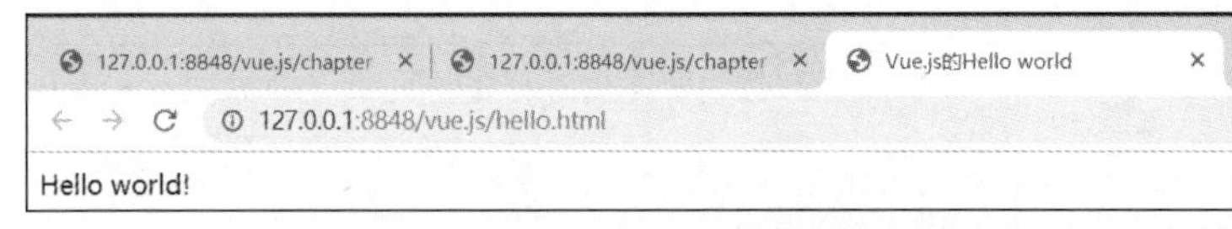

图 2-4　Hello World 程序的渲染效果

在上述代码中，可以将代码分为 3 部分：第 1 部分是 div 标签，其中有一个模板语法，使用双大括号（Mustache 语法）“{{}}”将动态绑定的数据实时显示出来；第 2 部分是使用 script 标签引入 Vue.js 文件；第 3 部分是在<script>标签中写入 JavaScript 代码，这部分代码的功能是创建 Vue 实例和设置实例选项 el、data。

2.2 实例及选项

Vue.js 应用的创建很简单，我们通过构造函数 Vue 就可以创建一个 Vue 的根实例，并启动 Vue 应用。创建 Vue 实例的代码如下。

```
new Vue({
        el:"#app",
        data:{
            name:'zhonghui',
            age:30,
            msg:'你好,中慧科技。'
        }
})
//Vue 实例赋值给变量 vm
var vm=new Vue({
        el:"#app",
        data:{
            name:'zhonghui',
```

```
                age:30,
                msg:'你好,中慧科技。'
            }
})
```

每个 Vue 应用都是从使用 Vue 函数创建一个新的 Vue 实例开始的。代码中的 Vue 实例也可以赋值给一个变量 vm。通过 Vue.js 提供的$data 属性来获取这个实例化对象的数据，如 vm.$data、vm.$el 等。还可以使用 vm.$data.name 来访问实例化对象中的 name 属性的值。

每一个 Vue 实例都会有一些参数选项，必不可少的一个选项就是 el。el 用于指定一个页面中已经存在的 DOM 元素来挂载 Vue 实例。上例中指定的挂载容器是 id 为 app 的块级容器，通常为 div 块级容器。el 选项的渲染如图 2-5 所示。

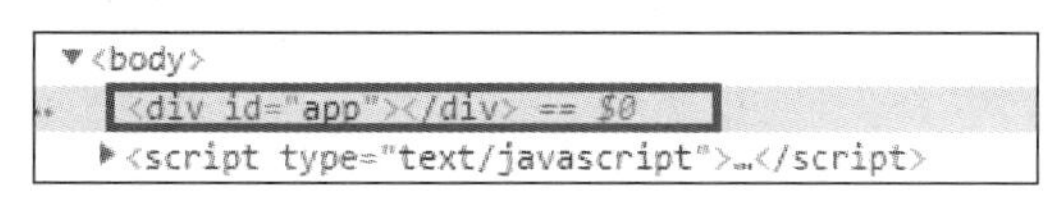

图 2-5　el 选项的渲染

Vue 实例中还有一些重要的选项，下面来讲解这些选项。

2.2.1　模板

模板（template）选项可以将其指定的模板内容渲染 el 选项所挂载的位置，原来的 div 标签会被替换为模板中的 p 标签。template 选项的渲染如图 2-6 所示。

```
var app=new Vue({
            el:'#app',
            template:"<p>template 选项渲染的内容</p>",
        })
```

```
▼<body> == $0
    <p>template选项渲染的内容</p>
  ▶<script type="text/javascript">…</script>
```

图 2-6　template 选项的渲染

需要注意的是，template 选项中的标签必须包含在一个根节点标签内，否则会报错。例如，上述代码写成时，浏览器渲染时会报错，错误信息如图 2-7 所示。

```
template:"<p>template 选项渲染的内容</p><p>第二个标签</p>"
```

```
▶[Vue warn]: Error compiling template:                          vue.js:634

  Component template should contain exactly one root element. If you are using
  v-if on multiple elements, use v-else-if to chain them instead.

  1  |  <p>template选项渲染的内容</p><p>11</p>
     |                            ^^^^^^^^^

  (found in <Root>)
```

图 2-7　错误信息

正确的写法是把两个 p 标签包含在一个根节点内，即

```
template:"<div><p>template 选项渲染的内容</p><p>11</p></div>"
```

2.2.2 数据

数据（data）选项声明页面中可以使用的或者需要双向绑定的数据。通常，所有页面中需要用到的数据都会在 data 内声明，以避免数据因散落在业务逻辑中而难以维护，真正实现数据和视图的分离。data 选项中的数据会在挂载的容器内或模板中，通过一种特殊的语法（双大括号“{{}}”）使用，代码如下。

```
<div id="app">
    {{msg}}
</div>
<script type="text/javascript">
        var app=new Vue({
            el:'#app',
            template:"<p>template 选项渲染的内容{{msg}}</p>",
            data:{
                name:'zhonghui',
                age:30,
                msg:'你好,中慧科技。'
            }
        })
</script>
```

提示 **使用 template 选项时，挂载的容器 div 标签会被 template 中的 p 标签代替。**

2.2.3 方法

方法（methods）选项中定义的是页面或模板中需要调用的一些方法，这些方法会执行一些业务逻辑。前文介绍了在 Vue 构造函数外部可以使用 vm.$data.属性名访问 data 中的数据，而在 methods 中，开发者可以直接使用 this 属性名访问 data 中的数据。其中，this 表示的就是 Vue 实例对象，代码如下。

```
<div id="app">{{say()}} ，{{msg}}</div>
<script src="../js/Vue.js"></script>
<script type="text/javascript">
        //创建 Vue 实例
        var vm = new Vue({
            el: '#app',
            data: { //Vue 中的 ViewModel 数据
                name: '中慧科技',
                age: 30,
                msg: '欢迎你!'
            },
            methods: {
                say: function() {
                    return "你好," + this.name
                }
            }
```

```
        });
    </script>
```

在上述代码中，methods 选项定义了方法 say()，根容器 app 通过“{{say()}}”调用了 say 方法。运行后，页面数据显示效果如图 2-8 所示。

图 2-8　页面数据显示效果

2.2.4　计算属性

计算属性（computed）选项中的数据也可以和 data 选项中的数据一样进行渲染，但是数据是通过函数返回的。计算属性中的值会根据 data 中数据的变化进行同步更新，代码如下。

```
<div id="app">
<input type="text" name="" id="" value="" placeholder="请输入年龄..." v-model="age"/><br>
        你的年龄是{{sum}}岁，{{msg}}
        </div>
        <script src="../js/Vue.js"></script>
        <script type="text/javascript">
            //创建 Vue 实例
            var app = new Vue({
                el: "#app",
                data: {
                    name: 'jiangmin',
                    age: 30,
                    msg: '你好,你该找个工作了。'
                },
                computed: {
                    sum() {
                        return this.age + 20
                    }
                }
            })
        </script>
```

在上述代码中，计算属性的 sum 的值会根据 data 中 age 的值的变化而更新，如果 age 不变化，则 sum 不会更新。计算属性实例的效果如图 2-9 所示。

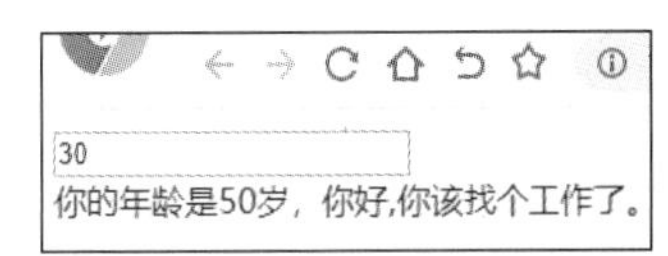

图 2-9　计算属性实例的效果

计算属性是 Vue.js 的一个强大的功能，因为计算属性的值会随着其他属性的变化而动态更新。它可以使代码更加符合数据驱动的特性并且易于维护。

2.2.5　观察/监听

观察/监听（watch）选项是 Vue.js 提供的用于检测指定的数据是否发生改变的选项，代码如下。

```
<div id="app">
<input type="text" name="" id="" value="" v-model="age" /><br>
        你的年龄是{{sum}}岁，{{msg}}
```

```
</div>
        <script src="../js/Vue.js"></script>
        <script type="text/javascript">
            //创建 Vue 实例
            var app = new Vue({
                el: "#app",
                data: {
                    name: 'jiangmin',
                    age: 30,
                    msg: '你好,你该找个工作了。'
                },
                computed: {
                    sum() {
                        return this.age + 20
                    }
                },
                watch: {
                  age() {
                        alert('age 变化了！ ')
                }
            }
            })
    </script>
```

在上述代码中，使用 watch 选项来监听数据 age 是否发生了变化，如果监听到其发生了变化，则“age 变化了！”对话框就会弹出。watch 选项实例的效果如图 2-10 所示。

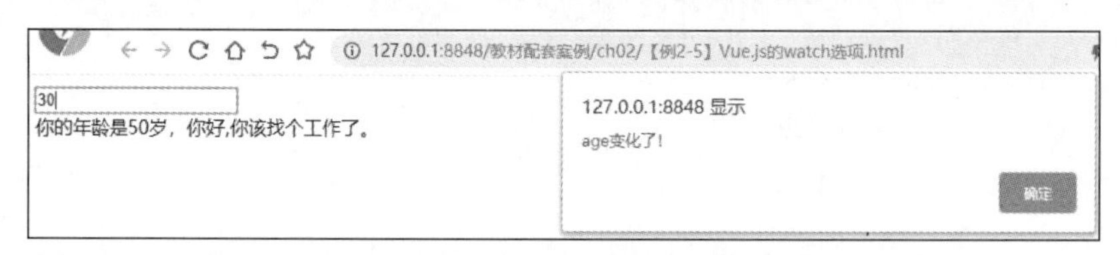

图 2-10　watch 选项实例的效果

提 示　　**在以上内容中，计算属性只做了简单介绍，2.4 节会对其详细和深入地进行讲解。**

2.3 数据绑定

Vue.js 的数据绑定是其重要特性之一。数据绑定就是将页面的数据和视图关联起来，当数据发生变化的时候，视图可以自动更新。数据绑定的形式有很多种，下面分别来进行学习。

1. 插值

插值是最简单、最常用的数据绑定方法，通过使用{{}}来绑定数据。{{}}符号是 Mustache 的语法，代码如下。

```
<div id="app">
        {{content}}
```

```
    </div>
        <script src=" https://cdn.bootcss.com/vue/2.6.10/vue.js "></script>
        <script>
            var app = new Vue({
                el: '#app',
                data: {
                    content: 'Vue 学习教程'
                }
            })
        </script>
```

在上述代码中，{{content}}的值会被相应的数据对象（在 Vue 实例的 data 选项中定义的 content 属性的值）替换。当 content 的值发生变化的时候，文本值会随着 content 值的变化而自动更新。

2. 表达式绑定

{{}}之中除了存放最基本的数据之外，还可以存放 JavaScript 表达式，代码如下。

```
    <div id="app">
        {{number/100}}
        {{completed ? '完成' : '未完成'}}
        {{text.split('.').reverse().join(".")}}
    </div>
        <script src=" https://cdn.bootcss.com/vue/2.6.10/vue.js "></script>
        <script>
            var app = new Vue({
                el: '#app',
                data: {
                    number: 200,
                    completed: false,
                    text: 'abc.123'
                }
            })
        </script>
```

在上述代码中，“{{completed?'完成':'未完成'}}”的插值采用的是三目表达式，当 completed 的值为 true 时，显示“完成”。这里 data 选项中的值是 false，所以显示“未完成”。表达式绑定实例的效果如图 2-11 所示。

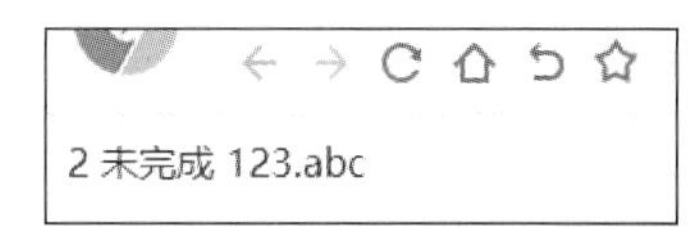

图 2-11　表达式绑定实例的效果

提示　存放在{{}}中的只能是 JavaScript 表达式，不能是 JavaScript 语句。所以，“{{ var name = 'xiaoli' }}”的写法是错误的。

3. 双向数据绑定

简单来说，双向数据绑定就是当数据发生变化时，相应的视图会进行更新。当视图更新时，数据也会跟着变化，这样开发者就不必去操作 DOM 对象了。双向数据绑定在 Vue.js 中的简便实现方法就是直接使用 v-model 指令，代码如下。

```
<div id="app">
        <p>input 元素：</p>
        <input v-model="message" placeholder="请输入……">
```

```
            <p>消息是: {{ message }}</p>
    </div>
        <script>
            new Vue({
                el: '#app',
                data: {
                    message: 'hello',
                }
            })
        </script>
```

在上述代码中，默认的数据 message 的值是 hello，当用户在文本框中输入新的数据后，视图中{{message}}的值就会发生变化。双向数据绑定实例的效果如图 2-12 所示。

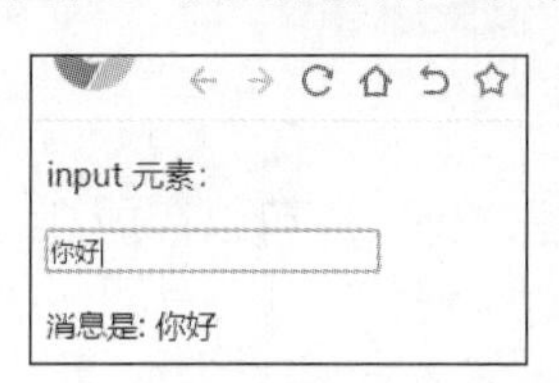

图 2-12　双向数据绑定实例的效果

提 示

此处提到的 v-model 指令的用法会在第 3 章中进行详细讲解。

4. 过滤器

表达式后面可以添加过滤器，以“|”进行分隔。例如：

```
{{name|uppercase}}
```

过滤器的用法在第 5 章中会详细讲解。过滤器一般用于简单的文本转换，如果要实现更为复杂的数据变化，应该使用计算属性。

2.4 计算属性

本书在 2.2 节中提到过计算属性，它是 Vue 实例的一个选项。在项目开发时，对于简单的计算，可以在模板语法中直接进行计算，但当计算的表达式过于复杂时，就会使模板代码的可读性变差，从而难以维护。为此，Vue.js 提供了专门的计算属性。使用计算属性可以将复杂的逻辑放在 computed 选项中进行处理。

2.4.1 计算属性的用法

下面通过一个实例来进一步学习计算属性的使用，代码如下。

```
<style type="text/css">
        table.gridtable {
    font-family: verdana,arial,sans-serif;
    font-size:11px;
    color:#333333;
    border-width: 1px;
    border-color: #666666;
```

```
          border-collapse: collapse;
    }
    table.gridtable th {
        border-width: 1px;
        padding: 8px;
        border-style: solid;
        border-color: #666666;
        background-color: #dedede;
    }
    table.gridtable td {
        border-width: 1px;
        padding: 8px;
        border-style: solid;
        border-color: #666666;
        background-color: #ffffff;
    }
    </style>
        </head>
        <body>
            <div id="app">
                <table class="gridtable">
                <tr><th>学科</th>
                    <th>分数</th>
                </tr>
                <tr><td>语文</td>
            <td><input type="text" name="" id="" v-model.number="chinese" /></td>
                </tr>
                    <tr>
                    <td>数学</td>
                    <td><input type="text" name="" id="" v-model.number="math" /></td>
                </tr>
                    <tr><td>英语</td>
                    <td><input type="text" name="" id="" v-model.number="english" /></td>
                </tr>
                    <tr><td>总分</td>
                    <td><input type="text" name="" id="" v-model.number="sum" /></td>
                </tr>
                <tr><td>平均分</td>
                    <td><input type="text" name="" id="" v-model.number="average" /></td>
                </tr>
            </table>
            </div>
            <script type="text/javascript">
                new Vue({
                    el:'#app',
                    data:{
                        chinese:90,
                        math:80,
                        english:90,
                    },
                    computed:{
```

```
                    sum:function(){
                        return this.chinese+this.math+this.english;
                    },
                    average:function(){
                        return Math.round(this.sum/3);
                    }
                }
            })
        </script>
    </body>
</html>
```

修改前后，实例在浏览器中的显示效果如图 2-13 和图 2-14 所示。只要用户修改任一科目的分数，总分和平均分就会同步改变。

学科	分数
语文	90
数学	80
英语	90
总分	260
平均分	87

图 2-13　修改前，实例在浏览器中的显示效果

学科	分数
语文	88
数学	80
英语	68
总分	236
平均分	79

图 2-14　修改后，实例在浏览器中的显示效果

提 示

代码中使用的 v-model.number 涉及指令的修饰符，目的是确保输入的数值方便 sum 的计算。指令的修饰符会在第 3 章中进行详细讲解。如果不使用修饰符，则在使用 sum 的方法中需要进行数据转换。

2.4.2 计算属性传参

计算属性本质上是一个方法，但是通常被当作属性来使用，一般不加()，这样就不能传参。但在实际开发中，如果需要给计算属性中的方法传参，就需要使用闭包传参的方法，代码如下。

```
<div id="app">
        <div>{{ count(5) }}</div>
    </div>
    <script src="js/vue.js"></script>
    <script type="text/javascript">
        var vm = new Vue({
            el: '#app',
            data: {
                msg: 'hello world!',
                num: 10,
            },
```

```
            computed: {
                count() {
                    return function(index) {//必须返回带有参数的函数
                        return index + 1
                    }
                }
            }
        });
    </script>
```

上述代码使用 count 方法传送了一个参数 5，计算后，页面渲染出来的效果是数字 6。如果要给计算属性中的方法传参，那么方法中必须返回带有参数的函数，computed 选项的 count()中不能写参数。计算属性是通过闭包传参的方式进行传参的。

2.4.3 计算属性的 getter 和 setter

计算属性通常用来获取数据（根据 data 的变化而变化），所以其默认只有 getter，但需要时，Vue.js 也提供了 setter 功能，代码如下。

```
<div id="app">
        firstName:<input type="text" name="" id="" value="" v-model="firstName" />
        lastName:<input type="text" name="" id="" value="" v-model="lastName" /><br>
        <p>fullName:<input type="text" name="" id="" value="" v-model="fullName" /></p>
    </div>
    <script src="../js/vue.js"></script>
    <script type="text/javascript">
        var vm = new Vue({
            el: '#app',
            data: {
                firstName: 'Jack',
                lastName: 'Jones',
            },
            computed: {
                fullName: {
                    // getter
                    get: function() {
                        return this.firstName + ' ' + this.lastName
                    },
                    // setter
                    set: function(newValue) {
                        var names = newValue.split(' ')
                        this.firstName = names[0]
                        this.lastName = names[names.length - 1]
                    }
                }
            }
        })
    </script>
```

在上述代码中，计算属性包含了两个函数，分别是 get 和 set。get 函数用来获取 data 中的数据，将 data 中的字符串数据合并后显示在文本框中，函数没有参数。set 函数用来将合并后的数据以空格分开，并分别赋值给 data 中的 firstName 和 lastName，函数有参数。计算属性的 getter 和 setter 在浏览器中的显示效果如图 2-15 和图 2-16 所示。

firstName: Jack　lastName: Jones
fullName: Jack Jones

图 2-15　计算属性的 getter 在浏览器中的显示效果

firstName: Jac　lastName: Jone
fullName: Jac Jone

图 2-16　计算属性的 setter 在浏览器中的显示效果

2.4.4　计算属性与方法的区别

从 2.4.1 节的计算属性的代码中能够发现，Vue 选项中的 methods 也可以完成计算功能，与计算属性的作用相同。那么，为什么要使用计算属性呢？使用计算属性和使用 methods 有什么区别呢？因为计算属性是基于它的依赖缓存的，所以只有当其依赖的数据发生变化时，才会重新求值。这就意味着，只要依赖的数据还没有发生改变，多次访问计算属性就会立即返回之前的计算结果，不必再次执行函数，而 methods 每调用一次就执行一次函数。下面通过一个实例来对比使用计算属性和使用 methods 的区别，代码如下。

```
<div id="app">
    <h3>顾客你好！</h3>
    <p>
    你购买的手机品牌是{{company}}<br />单价是{{price}}元<br />
    数量是{{count}}部<br />总价是{{total()}}元
    </p>
</div>
<script type="text/javascript">
     new Vue({
        el: '#app',
        data: {
            company: '华为',
            price: 2000,
            count: 10,
        },
        methods: {
            total: function() {
                console.log('counted')
                return this.price * this.count;
            },
        }
     })
</script>
```

在上述代码中，将 total 定义为一个方法，也可以实现和计算属性相同的计算功能。不同的是，当频繁访问 total 的时候，如果 price 和 count 的值没有发生变化，则计算属性会立即返回缓存的计算结果，且不会再次执行函数，只有当计算属性的依赖发生变化时，代码才会被再次执行，而 methods 每访问一次就执行一次函数。使用计算属性和 methods 后，控制台的输出效果如图 2-17 和图 2-18 所示。

图 2-17　使用计算属性后，控制台的输出效果

图 2-18　使用 methods 后，控制台的输出效果

使用计算属性的这种方式可以确保代码只在必要的时刻执行，适合处理一些潜在的资源密集型工作。但是，如果项目不具有缓存功能，则要使用 methods。所以，是使用计算属性还是使用 methods，要根据实际情况而定。现将计算属性的特点总结如下。

（1）当计算属性依赖的数据发生了变化时，会立即进行计算，并对计算结果进行自动更新。

（2）计算属性的求值结果会被缓存起来，以方便下次直接使用。

（3）计算属性适用于执行更加复杂的表达式，这些表达式往往太长或者需要频繁地重复使用，所以不能在模板中直接使用。

（4）计算属性是 data 对象的一个扩展和增强版本。

2.5 生命周期

每个 Vue 实例创建后，都会经历一系列的初始化过程，Vue 实例从创建到销毁的过程就是其生命周期。Vue 的生命周期分为 8 个阶段，官方称其为生命周期钩子函数，如表 2-1 所示。开发者可以利用这些钩子函数在合适的时机执行业务逻辑，以满足功能需求。

表 2-1　Vue 的生命周期钩子函数

方法名	含义
beforeCreate（创建前）	在实例初始化之后，在数据观测（Data Observer）和 event/watcher 事件配置之前被调用
created（创建完毕）	在实例创建完成后被立即调用，此时已完成数据绑定和事件配置，但尚未生成 DOM
beforeMount（挂载前）	在挂载开始之前被调用，且在服务器端渲染期间不能被调用
mounted（挂载结束）	在挂载之后被调用，且在服务器端渲染期间不能被调用
beforeUpdate（更新前）	当数据发生变化时调用，此时 DOM 结构尚未完成更新，且在服务器端渲染期间不能被调用
updated（更新完成）	实例和 DOM 结构完成更新后被调用，在服务器端渲染期间不能被调用
beforeDestroy（销毁前）	在 Vue 实例销毁之前调用，此时实例仍然可用，在服务器端渲染期间不能被调用
destroyed（销毁完成）	在 Vue 实例销毁之后调用，Vue 实例指示的所有实例指令和子实例都会解绑定，所有的事件监听器都会被移除，在服务器端渲染期间不能被调用

开发者可以在合适的生命周期函数中实现自己的逻辑，代码如下。

```
<script type="text/javascript">
    var vm = new Vue({
        el: '#app',
        data: {
            message : "Welcome Vue"
        },
        methods:{
            change() {
                this.message = 'Datura is me';
            },
            destroy() {
                vm.$destroy();
            }
        },
        beforeCreate: function () {
            console.group('beforeCreate 创建前状态===============》');
        },
        created: function () {
            console.group('created 创建完毕状态===============》');
        },
        beforeMount: function () {
            console.group('beforeMount 挂载前状态===============》');
        },
        mounted: function () {
            console.group('mounted 挂载结束状态===============》');
        },
        beforeUpdate: function () {
            console.group('beforeUpdate 更新前状态===============》');
        },
        updated: function () {
            console.group('updated 更新完成状态===============》');
        },
        beforeDestroy: function () {
            console.group('beforeDestroy 销毁前状态===============》');
        },
        destroyed: function () {
            console.group('destroyed 销毁完成状态===============》');
        }
    })
</script>
```

上述代码的页面渲染效果和控制台输出效果如图 2-19 所示。当单击“点击改变”按钮后，控制台输出效果如图 2-20 所示，当单击“点击销毁”按钮后，实例被销毁，再次单击“点击改变”按钮后，无任何效果。

图 2-19　页面渲染效果和控制台输出效果

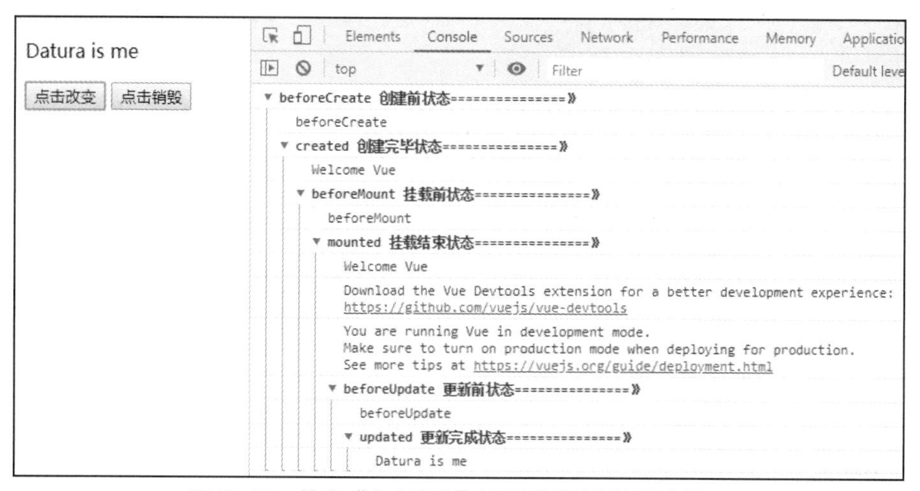

图 2-20　单击“点击改变”按钮后的控制台输出效果

2.6 案例——简单的定时器

1. 案例描述

页面计时器从 0 开始，单击“开始计时”按钮后，开始按秒计时；单击“暂停计时”按钮后，计时会被暂停；当再次单击“开始计时”按钮后，继续进行计时。

2. 案例设计

（1）使用插值法插入 Vue 示例的数据。

（2）为按钮添加单击事件。

（3）在方法属性中定义两个方法。

（4）使用 JavaScript 定时器。

3. 案例代码

```
<!DOCTYPE html>
<html>
    <head>
        <meta charset="utf-8">
        <title>简单的秒表</title>
        <script src="vue/js/vue.js" type="text/javascript" charset="utf-8"></script>
```

```
    </head>
    <body>
        <div id="app">
            <input type="button" name="" id="" value="开始计时" @click="timer"/></br>
            {{num}}</br>
            <input type="button" name="" id="" value="暂停计时" @click="stop"/>
        </div>
        <script type="text/javascript">
            var vm = new Vue({
                el : "#app",
                data : {
                    num : 0,
                },
                methods:{
                    timer:function(){
                    time=setInterval(function(){
                      vm.num++
                      }, 1000)
                    },
                    stop:function(){
                        clearInterval(time);
                    }
                }
            });
        </script>
    </body>
</html>
```

4. 案例解析

在上述代码中，@click="timer"用于为按钮添加单击事件（在第 3 章中会对@click 进行详细讲解），其中，timer 是单击后执行的函数（方法），setInterval()用于设置定时器，clearInterval()用于关闭定时器。

5. 案例运行

简单的定时器的初始效果和运行效果如图 2-21 和图 2-22 所示。

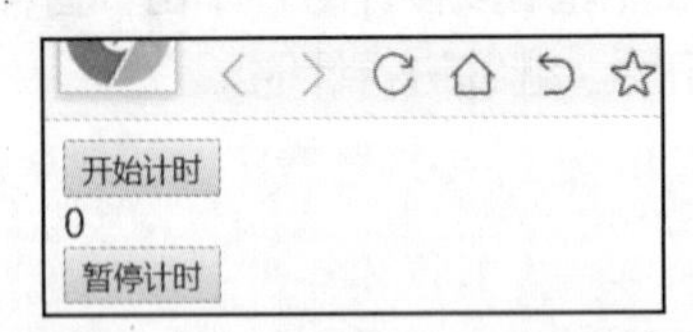

图 2-21　简单的定时器的初始效果

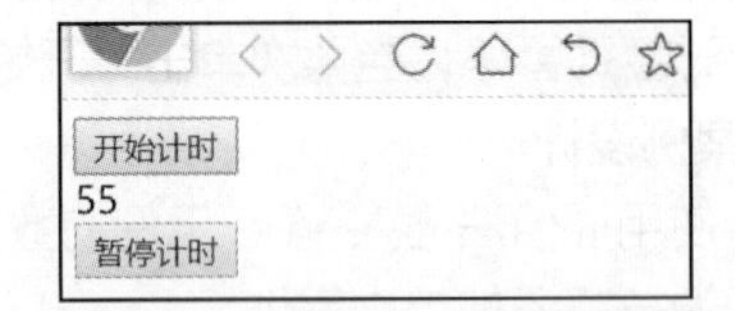

图 2-22　简单的定时器的运行效果

2.7 本章小结

本章对 Vue 实例及选项进行了详细讲解，对 Vue.js 中的数据绑定、Vue.js 中的计算属性的用法及特点和 Vue 实例的生命周期和生命周期钩子函数进行详细介绍。

2.8 本章习题

1. 填空题

（1）Vue 是一套用于构建________的________框架。

（2）虚拟 DOM 是为解决________问题而设计出来的。

（3）Vue.js 的特点是________、________、________和________。

（4）Vue 提供了两个动态监测 data 的函数，一个是________，另一个是________。

2. 判断题

（1）Vue.js 和 React 一样，是数据的单向绑定。（　　）

（2）因为 Vue.js 只需关心数据，更新 DOM 由 Vue 完成，所以开发者可以把更多的精力放在编写业务逻辑上。（　　）

（3）Vue.js 采用的虚拟 DOM 会对渲染出来的结果做脏检查。（　　）

3. 选择题

（1）Vue.js 是通过（　　）思想实现数据绑定的。

A. MVP　　B. MVC　　C. MVVM　　D. 以上都不是

（2）Vue 生命周期的执行顺序是（　　）。

A. beforeCreate→created→beforeMount→mounted→beforeDestroy→destroyed

B. init→beforeMount→mounted→beforeDestroy→destroyed

C. beforeMount→mounted→beforeCreate→created→beforeDestroy→destroyed

D. init→beforeCreate→created→beforeDestroy→destroyed

（3）下列数据绑定方法不正确的是（　　）。

A. {{'abc'}}　　B. {{msg}}　　C. {{num+1}}　　D. {{sum=num+1}}

（4）在 Vue 中，可以通过（　　）来监听响应数据的变化。

A. computed　　B. methods　　C. watch　　D. created

（5）在 Vue 对象中，可以使用（　　）属性来编写自定义函数。

A. computed　　B. methods　　C. data　　D. mounted

（6）Vue 是一套用于构建用户界面的渐进式框架，只关注（　　），采用了自底向上增量开发的设计。

A. 表现层　　B. 数据层　　C. 视图层　　D. 控制层

4. 编程题

（1）编写代码，实现数据的双向绑定。

（2）利用本章知识，编写一个简单的计算器。

第 3 章 Vue.js内置指令

内容导学

什么是指令呢？在第 2 章中用到的 v-model 就是一个指令。Vue.js 的指令是以“v-”开头的 HTML 特性，它们作用于 HTML 元素。指令具有一些特殊的性质：将指令绑定在元素上时，指令会为绑定的目标元素添加一些特殊的行为。指令的职责就是当其表达式的值改变时，把某些特殊的行为应用到 DOM 元素上。我们也可以将指令看作特殊的 HTML 标签属性。

学习目标

① 熟练使用 Vue 内置指令。
② 熟悉 Vue 事件处理方法。
③ 掌握数组更新的方法。
④ 了解内置指令的修饰符。

3.1 基本指令

Vue.js 提供了一些常用的内置指令，这些内置指令使用的场景和复杂度各不相同，所以本章暂且将内置指令中的简单指令统称为基本指令。

3.1.1 v-text 和 v-html 指令

v-text 主要用来更新 textContent，将实例中的数据当作纯文本输出，可以等同于 JavaScript 的 text 属性。

v-html 会将实例中的数据当作 HTML 标签解析后输出，它等同于 JavaScript 的 innerHtml 属性，代码如下。

```
<div id="app">
        <p v-text="html"></p>
        <p v-html="html"></p>
</div>
<script type="text/javascript">
        var vm=new Vue({
                el:"#app",
                data:{
                msg:"今天天气晴",
                html:"<input type='date'>"
                        }
                    })
</script>
```

如图 3-1 所示，使用 v-text 指令渲染的是数据的纯文本形式；使用 v-html 渲染的是一个 date 组件，即将实例中的数据当作 HTML 标签进行解析并渲染。

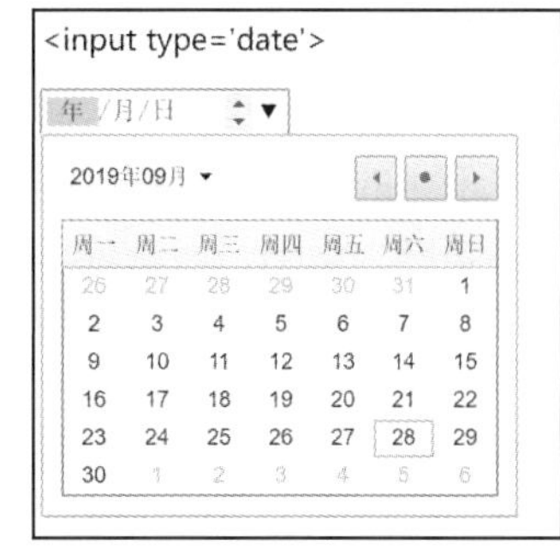

图 3-1 使用 v-text 和 v-html 指令的渲染效果

3.1.2 v-cloak 指令

v-cloak 指令用于显示当数据未解析完成时渲染的样式。某些情况下由于机器性能故障或者网络原因，导致传输有问题，浏览器无法解析数据，这时页面就会显示出 Vue 源代码，这样会影响客户体验。当网络较慢时，网页还在加载 Vue.js ，导致 Vue 来不及渲染，这时页面在页面加载时会闪烁，会先显示 Vue 源代码，再进行编译。用户可以使用 v-cloak 指令来解决这一问题，代码如下。

```
<div id="app" v-cloack>
   {{message}}
</div>
<script>
        var app= new Vue({
              el: '#app',
              data: {
              message: '这是一段文本'
                          }
                    });
</script>
```

v-cloak 指令不需要表达式，经常和 CSS 的“display:none;”配合使用。

```
[v-cloak]{display:none;}
```

在一般情况下，使用 v-cloak 是解决页面闪动的最佳方法，其对于简单的项目很适用，但是在使用 Vue-cli 的工程化的项目中，项目的 HTML 结构只有一个空的 div 元素，其他的内容都是由路由去挂载不同的组件来完成的，所以不再需要 v-cloak。

3.1.3 v-once 指令

v-once 指令在日常开发中使用较多，只需渲染元素和组件一次，随后的渲染使用了此指令的元素/组件及其所有的子节点，都会被当作静态内容并跳过，用于优化更新性能。v-once 指令也不需要表达式，代码如下。

```
<div id="app">
        <p v-once>原始值：{{msg}}</p>
        <p>后面的：{{msg}}</p>
        <input type="text" name="" id="" value="" v-model="msg"/>
</div>
<script type="text/javascript">
        var vm=new Vue({
        el:"#app",
        data:{
              msg:"今天天气很好！"
```

```
                }
            })
</script>
```

当文本框中的数据改变时，使用了 v-once 指令的第一行数据不会随之更新，没有使用 v-once 指令的数据会更新。使用 v-one 指令的效果如图 3-2 所示。

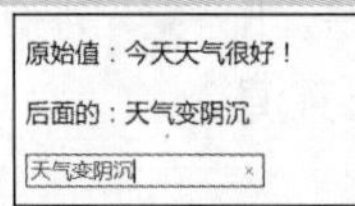

图 3-2 使用 v-once 指令的效果

3.1.4 v-if、v-else 和 v-show 指令

1. v-if 和 v-show 的用法

v-if 指令可以实现条件渲染，Vue 会根据表达式的值的真假来渲染元素。

例如，<a v-if="ok">yes</a>中，如果 ok 值为 true，则显示 yes；如果 ok 值为 false，则不会显示 yes。

v-else 指令是搭配 v-if 指令使用的，它必须紧跟在 v-if 或 v-else-if 后面，否则不起作用，代码如下。

```
<div id="app">
        <p v-if="status===1">当 status 是 1 时显示该行</p>
        <p v-else-if="status===2">当 status 是 2 时显示该行</p>
        <p v-else>否则显示该行</p>
</div>
<script type="text/javascript">
            var vm=new Vue({
                el:"#app",
                data:{
                status:1,
                        }
                    })
</script>
```

v-if 指令用于条件性地渲染一块内容，这块内容只会在指令的表达式返回 truthy 值的时候被渲染。而 v-show 指令不管条件是否成立，都会渲染 HTML，代码如下。

```
<div id="app">
<div v-if="isMale">男生 v-if</div>
<div v-show="isMale">男生 v-show</div>
</div>
<script type="text/javascript">
            var vm = new Vue({
                el: '#app',
                data: {
                  isMale:false
                }
            })
</script>
```

在上述代码中，isMale 的值是 false，所以在浏览器中不会显示“男士”。检查页面元素，发现 v-if 没有显示“男士”是因为对页面元素进行了注释，而 v-show 没有显示“男士”是因为 CSS 中的 display 的值为 none。页面元素截图如图 3-3 所示。

```
▼<div id="app">
    <!---->
    <div style="display: none;">男士v-show</div>
  </div>
```

图 3-3　页面元素截图

2. v-if 和 v-show 的使用场景

v-if和v-show的区别是带有v-show的元素会始终被渲染并保留在DOM中。v-show只是简单地切换元素的 CSS 属性的 display。v-if 是“真正”的条件渲染，因为它会确保在切换过程中条件块内的事件监听器和子组件适当地被销毁和重建。

相比之下，v-show 简单很多，不管初始条件是什么，元素总会被渲染，并且只是简单地基于 CSS 进行切换。

一般来说，v-if 有更高的切换消耗，而 v-show 有更高的初始渲染消耗。因此，如果需要非常频繁地进行切换，则使用 v-show 较好；如果运行时条件很少改变，则使用 v-if 较好。

3.1.5　v-on 指令

v-on 指令是用来绑定事件监听器的，类似于原生 JavaScript 的 onclick 的用法。使用 v-on 指令可以进行一些交互，代码如下。

```
<div id="app">
        <p>{{msg}}</p>
        <button v-on:click="msg='今天天气好热啊'">单击改变内容</button>
        <button v-on:click="counter++">单击自增+1</button>单击次数{{counter}}
        <button v-on:click="changeContent()">单击改变</button>
</div>
<script type="text/javascript">
         var vm=new Vue({
             el:"#app",
             data:{
                 msg:"今天天气晴",
                 counter:0
                     },
             methods:{
                 changeContent(){
                     //this 指向当前 Vue 实例，即 vm
                     this.msg="测试改变"
                         }
                     }
                 })
</script>
```

在上述代码中，v-on:click 后面可以直接加表达式，也可以加一个方法。单击第一个按钮的时候，直接改变了 msg 的值，将 data 中的 msg 的值由“今天天气晴”改为“今天天气好热啊”；单击第二个按钮的时候，data 中的 counter 值自动加 1；单击第三个按钮的时候，调用了 changeContent()方法，将 msg 的值改为“测试改变”。v-on:click 指令使用效果如图 3-4 所示。

今天天气晴

点击改变内容 点击自增+1 点击次数0 点击改变

（a）原始效果

今天天气好热啊

点击改变内容 点击自增+1 点击次数0 点击改变

（b）单击第一个按钮后的效果

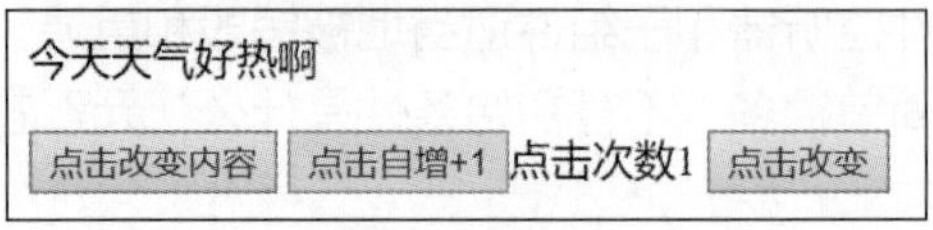

今天天气好热啊

点击改变内容 点击自增+1 点击次数1 点击改变

（c）单击第二个按钮后的效果

测试改变

点击改变内容 点击自增+1 点击次数1 点击改变

（d）单击第三个按钮后的效果

图 3-4　v-on:click 指令使用效果

v-on:click 可以简写为@click。v-on 可以绑定很多 JavaScript 事件，代码如下。

```
<div id="app">
        <button v-on:click="onclick">单击事件</button>
        <button v-on:mouseover="onMouseover">鼠标经过事件</button>
        <button v-on="{mouseenter:onEnter,mouseleave:onOut}">鼠标进入/离开事件</button>
</div>
<script>
            var app= new Vue({
                el: '#app',
                data: {
                      },
                methods:{
                onclick:function(){
                      console.log('clicked')
                      },
                      onMouseover:function(){
                      console.log('mouseover')
                                  },
                        onEnter:function(){
                              console.log('entered')
                                  },
                        onOut:function(){
                              console.log('outed')
                                  },
                        }
                  });
</script>
```

当单击第一个按钮时，Console 窗口会输出“clicked”；当鼠标经过第二个按钮的时候，Console 窗口会输出“mouseover”；当鼠标经过后离开第三个按钮时，Console 窗口会先后输出“entered”“outed”，如图 3-5 所示。

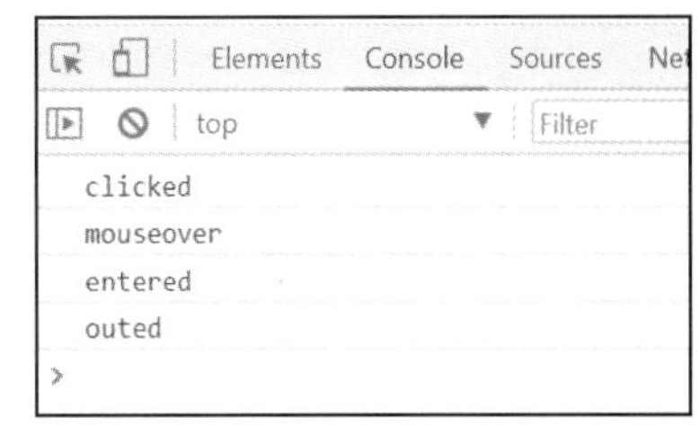

图 3-5　绑定其他鼠标事件的效果

在以上实例的 methods 对象中，我们定义了一些方法供绑定的鼠标事件调用。在调用方法的时候，方法名后面可以有括号“()”，也可以没有括号。如果方法有参数，则必须加括号“()”，并在括号中传入需要的参数。如果方法中要传入原生事件对象 event，则需要写为“v-on:click=" onclick($event)"”。Vue 提供了一个特殊变量——$event，用于访问原生 DOM 事件，代码如下。

```
<div id="app">
        <button @click="changeContent($event)">单击改变内容</button>
</div>
<script type="text/javascript">
        var vm=new Vue({
            el:"#app",
            data:{
                    },
        methods:{
            changeContent(event){
            console.log(event)
                        }
                    }
                })
</script>
```

鼠标单击事件驱动后返回的基本信息如图 3-6 所示。

```
▼MouseEvent {isTrusted: true, screenX: 26, screenY: 118, clientX: 26, clientY: 20, …}
   altKey: false
   bubbles: true
   button: 0
   buttons: 0
   cancelBubble: false
   cancelable: true
   clientX: 26
   clientY: 20
   composed: true
   ctrlKey: false
   currentTarget: null
   defaultPrevented: false
   detail: 1
   eventPhase: 0
   fromElement: null
   isTrusted: true
   layerX: 26
   layerY: 20
   metaKey: false
   movementX: 0
   movementY: 0
   offsetX: 16
   offsetY: 11
   pageX: 26
```

图 3-6　鼠标单击事件驱动后返回的基本信息

下面的实例可以阻止连接打开，代码如下。

```
<div id="app">
        <a href="http://www.baidu.com"
         @click="handleClick('禁止打开',$event)">
                    打开连接
```

```
        </a>
</div>
<script>
        var app= new Vue({
            el: '#app',
            methods:{
                handleClick(message, event){
                    event.preventDefault();
                    window.alert(message);
                    console.log(event)
                        }
                    }
                });
</script>
```

当单击页面中的“打开连接”超链接时，浏览器会弹出“禁止打开”对话框，如图 3-7 所示。

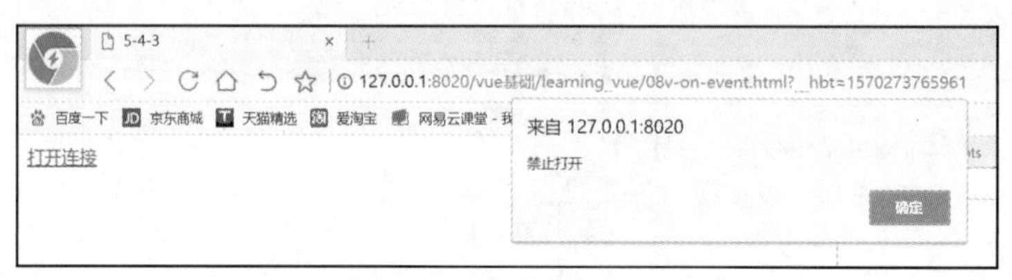

图 3-7　阻止连接打开

在上面实例中，使用的 event.preventDefault()也可以替换为 Vue 提供的事件的修饰符，具体使用方法为@绑定的事件 + 小圆点“.” + 一个修饰符。Vue 支持以下修饰符。

（1）.stop：阻止单击事件冒泡。

```
<a v-on:click.stop="doThis"></a>
```

（2）.prevent：提交事件不再重载页面。

```
<form v-on:submit.prevent="onSubmit"></form>
```

修饰可以串联，例如：

```
<a v-on:click.stop.prevent="doThat"></a>
```

（3）.capture：添加事件监听器时使用事件捕获模式。

```
<div v-on:click.capture="doThis">...</div>
```

（4）.self：事件在该元素本身（如不是子元素）触发时触发回调。

```
<div v-on:click.self="doThat">...</div>
```

（5）.once：单击事件只会触发一次。

```
<a v-on:click.once="doThis"></a>
```

3.1.6　v-for 指令

v-for 指令是用来遍历数组、对象的，其表达式需要结合 in 来使用，代码如下。

```
<div id="app">
        <ul>
            <li v-for="cloth in clothes">{{cloth.name}}:${{cloth.price}}</li>
        </ul>
</div>
```

```
<script type="text/javascript">
        var app=new Vue({
              el:'#app',
              data:{
              clothes:[{
                                  name:'衬衫',
                                  price:'180',
                             },
                             {
                                  name:'外套',
                                  price:'200',
                             },
                             {
                                  name:'裤子',
                                  price:'380',
                             }]
                     }
             })
</script>
```

定义一个数组类型的数据 clothes，使用 v-for 对<li>标签进行循环渲染，如图 3-8 所示。

• 衬衫:$180
• 外套:$200
• 裤子:$380

图 3-8　列表渲染效果

在 v-for 表达式中，clothes 是数据，cloth 是当前数组元素的别名，循环出的每个<li>中的元素都可以访问到对应的当前数据 cloth。v-for 表达式支持将一个可选参数作为当前项的索引，代码如下。

```
<div id="app">
        <ul>
              <li v-for="(cloth,index) in clothes">{{index}}-{{cloth.name}}:${{cloth.price}}
              </li>
        </ul>
</div>
<script type="text/javascript">
                    var app=new Vue({
                          el:'#app',
                          data:{
                                clothes:[{
                                      name:'衬衫',
                                      price:'180',
                                },
                                {
                                      name:'外套',
                                      price:'200',
                                },
                                {
```

```
                                name:'裤子',
                                price:'380',
                            }
                        ]
                    }
                })
</script>
```

在上述代码中，分隔符前的语句使用括号，index 就是 clothes 当前的索引。含有 index 参数的渲染效果如图 3-9 所示。

- 0-衬衫:$180
- 1-外套:$200
- 2-裤子:$380

图 3-9　含有 index 参数的渲染效果

v-for 指令除了可以遍历数组以外，还可以遍历对象的属性，代码如下。

```
<div id="app">
        <ul>
            <li v-for="value in user">{{value}}</li>
        </ul>
    </div>
    <script type="text/javascript">
        var app = new Vue({
            el: '#app',
            data: {
                user: {
                    firstName: 'John',
                    lastName: 'Doe',
                    age: 30
                }
            }
        })
    </script>
```

v-for 指令遍历对象属性的渲染效果如图 3-10 所示。

- John
- Doe
- 30

图 3-10　v-for 指令遍历对象属性的渲染效果

v-for 指令遍历对象属性时，有两个可选参数，分别是 key 和 index，代码如下。

```
<div id="app">
        <ul>
            <li v-for="(value,key,index) in user">
                {{index}}-{{key}}:{{value}}
            </li>
        </ul>
    </div>
    <script type="text/javascript">
        var app = new Vue({
```

```
            el: '#app',
            data: {
                user: {
                    firstName: 'John',
                    lastName: 'Doe',
                    age: 30
                }
            }
        })
    </script>
```

上述代码遍历对象 user 后的渲染效果如图 3-11 所示。

- 0-firstName:John
- 1-lastName:Doe
- 2-age:30

图 3-11　遍历对象 user 后的渲染效果

v-for 指令除了可以遍历数组和对象以外，还可以迭代整数，代码如下。

```
    <div id="app">
            <ul>
                <li v-for="count in 5">这是第{{count}}次循环</li>
</ul>
        </div>
        <script type="text/javascript">
            var app=new Vue({
                el:'#app',
            })
        </script>
```

如果使用 v-for 指令迭代数字，则 count 的值从 1 开始。v-for 指令迭代整数的渲染效果如图 3-12 所示。

- 这是第1次循环
- 这是第2次循环
- 这是第3次循环
- 这是第4次循环
- 这是第5次循环

图 3-12　v-for 指令迭代整数的渲染效果

在上面的代码中，v-for 指令遍历的数据比较简单。下面看一下如何使用 v-for 指令遍历复杂数据，代码如下。

```
  productList: {
          pc: {
            title: '前端技术',
            list: [
                {
                  name: 'HTML+CSS',
                  url: 'http://html.com'
                },
                {
                  name: 'JavaScript',
                  url: 'http://JavaScript.com'
```

```
                },
                {
                  name: 'Vue/React',
                  url: 'http://Vue.com',
                },
                {
                  name: 'Node.js',
                  url: 'http://node.com'
                }
            ]
        },
        app: {
            title: '后端技术',
            last: true,
            list: [
                {
                  name: 'Java',
                  url: 'http://java.com'
                },
                {
                  name: 'PHP',
                  url: 'http://php.com',
                },
                {
                  name: 'Express',
                  url: 'http://express.com'
                },
                {
                  name: 'Python',
                  url: 'http://python.com'
                }
            ]
        }
    }
```

以上代码描述的是两类课程的课程列表，需要先使用 v-for 指令遍历课程类型，再使用 v-for 指令遍历每种课程类型中的课程列表。v-for 指令遍历复杂数据的渲染效果如图 3-13 所示。

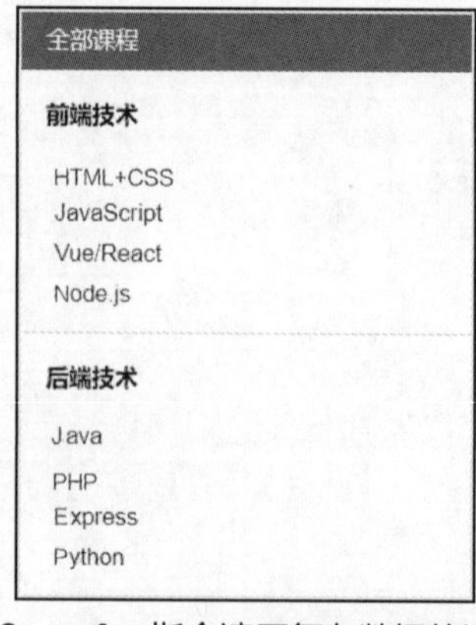

图 3-13　v-for 指令遍历复杂数据的渲染效果

此案例的主要代码如下，其余代码请读者自行补充完整。

```
<div class="index-left-block">
<h2>全部课程</h2>
<div  v-for="product in productList">
<h3>{{ product.title}}</h3>
<ul>
<li v-for="item in product.list">
<a :href="item.url">{{ item.name }}</a>
</li>
</ul>
<div v-if="!product.last" class="hr"></div>
</div>
</div>
```

3.1.7 数组更新

Vue 包含一组观察数组的变异方法（Mutation Method），它们也会触发视图更新。变异方法包含如下几种。

① push()：添加元素。

② pop()：删除最后一个元素。

③ shift()：删除第一个元素。

④ unshift()：在数组最前面添加一个元素。

⑤ splice()：插入、删除或替换数组中的元素。

⑥ sort()：排序（升序）。

⑦ reverse()：排序（降序）。

变异方法是指使用后会改变被其调用的原始数组的方法。

```
<div id="app">
<h3>所有注册用户</h3>
<ul>
<li v-for="(item,index) in list" :key="index">{{item}}</li>
</ul>
<p>变异方法，改变原来的数组</p>
<button v-on:click="addpush">push</button>
<button v-on:click="addpop">pop</button>
<button v-on:click="addshift">shift</button>
<button v-on:click="addunshift">unshift</button>
<button v-on:click="addsplice">splice</button>
<button v-on:click="addsort">sort</button>
<button v-on:click="addreverse">reverse</button>
</div>
            <script>
                var app= new Vue({
                        el: '#app',
                        data:{
    list:[{message:"hello",username:"Jack"},{message:"hi",username:"Amily"}],
        items:[{id:1},{id:2},{id:3},{id:4}],
        rr:{   lie:""},
```

```
            num:[1,3,2,8,5,9,0]
        },
                    methods:{
addsplice(){
    console.log(this.list)
    this.list.splice(1,0,{message:"insert",username:"newuser"})
    var jj=JSON.stringify(this.list)
      console.log(JSON.stringify(this.list))
      console.log(JSON.parse(jj))
},
addpop(){
    this.list.pop();
    console.log(JSON.stringify(this.list))
},
addpush(){
    this.list.push({message:"Good Morning",username:"Rose"});
    console.log(JSON.stringify(this.list))
},
addshift(){
    this.list.shift();
    console.log(JSON.stringify(this.list))
},
addunshift(){
    this.list.unshift({message:"Good Morning",username:"Rose"});
    console.log(JSON.stringify(this.list))
},
addsort(){
    console.log(this.num)
    this.num.sort()
    console.log(this.num)
},
addreverse(){//倒序输出数组，适用于对象数组和元素数组
    console.log(JSON.stringify(this.list))
    this.list.reverse()
    console.log(JSON.stringify(this.list))
},
}
                    });
</script>
```

数组变异方法的使用效果如图 3-14 所示。

图 3-14　数组变异方法的使用效果

单击“push”按钮，会在数组最后面添加一个元素；单击“pop”按钮，会在数组最后面删除一个元素；单击“shift”按钮，会删除数组的第一个元素；单击“unshift”按钮，会在数组最前面添加一个元素；单击“splice”按钮，会插入一个元素；单击“sort”按钮，会将 num:[1,3,2,8,5,9,0]按照升序排列；单击“reverse”按钮，会倒序输出数组。数组的升序和倒序排列效果如图 3-15 所示。

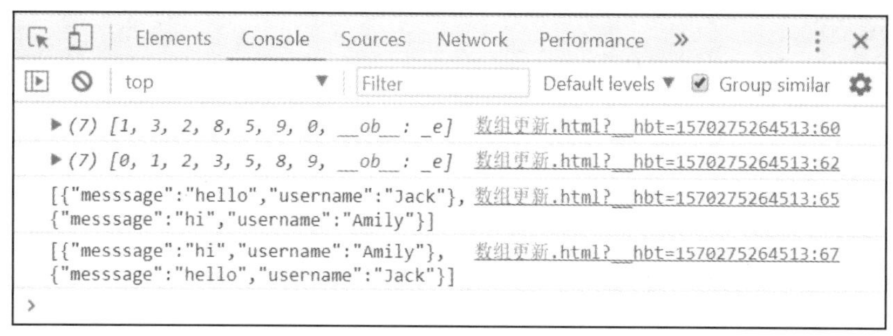

图 3-15　数组的升序和倒序排列效果

相比之下，也有非变异方法（Non-mutating Method），如 filter()、concat()和 slice()。这些方法不会改变原始数组，但总是会返回一个新数组。当使用非变异方法时，我们可以用新数组替换旧数组，代码如下。

```
<div id="app">
<h3>使用非变异方法</h3>
<p>非变异方法，不改变原来的数组，但是会返回一个数组</p>
<button v-on:click="addfilter">filter</button>
<button v-on:click="addcontant">contant</button>
<button v-on:click="addslice">slice</button>
<button v-on:click="addmap">map</button>
<button v-on:click="addinclude">include</button>
<button v-on:click="addforeach">foreach</button>
</div>
          <script>
               var app= new Vue({
                    el: '#app',
                    data:{
          num:[1,3,2,8,5,9,0]
       },
               methods:{
addfilter(){
console.log(this.num)
   var gh= this.num.filter(function(number){
      return number%2===0
   })
 console.log(JSON.stringify(gh))
},
addcontant(){
 console.log(this.num)
 var dd=this.num.concat(2,4,5)
 console.log(dd)
```

```
    var dd=this.num.concat([2,4,5],[2,3,4])
   console.log(dd)
  },
  addslice(){
    var dd=this.num.slice()//返回所有元素
    console.log(dd)
    var dd=this.num.slice(1,2)//返回 index 为 1 的值
    console.log(dd)
    var dd=this.num.slice(-3,1)//空值
    console.log(dd)
      var dd=this.num.slice(-3)//返回倒数 3 个元素
    console.log(dd)
  },
  addmap(){
    console.log(this.num)
   let dd=this.num.map(function(item,index){return item*=3})
    console.log(dd)
  },
  addinclude(){
    console.log(this.num)
   let d1=this.num.includes(5)
    console.log(d1)
      let d2=this.num.includes(20)
    console.log(d2)
  },
  addforeach(){
    console.log(this.num)
   this.num.forEach(function(item,index){console.log(item)})
  },
  }
                          });
  </script>
```

使用非变异方法的效果如图 3-16 所示。

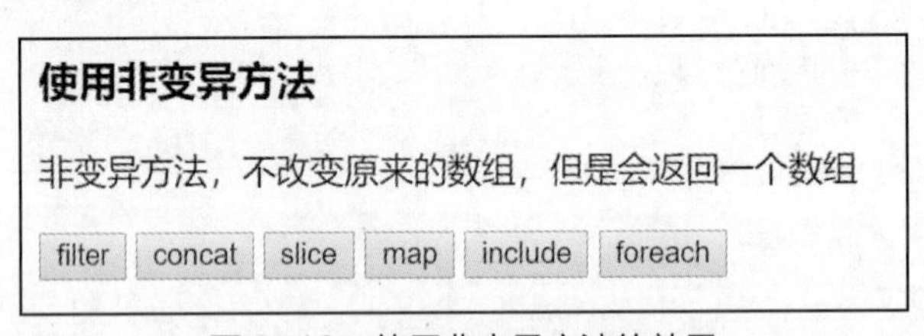

图 3-16　使用非变异方法的效果

单击“filter”按钮，会返回一个能被 2 整除的新数组，效果如图 3-17（a）所示；单击“concat”按钮，会返回一个增加了新数据的数组，效果如图 3-17（b）所示；单击“slice”按钮，会返回 index 为 1 的、空值和值为倒数的 3 个元素的多个数组，效果如图 3-17（c）所示；单击“map”按钮，返回的新数组中的数值是原来数组中数值的 3 倍，效果如图 3-17（d）所示；单击“include”按钮，返回的是布尔值，包含为 true，不包含为 false，效果如图 3-17（e）所示；单击“foreach”按钮，会循环输出数组的值，效果如图 3-17（f）所示。

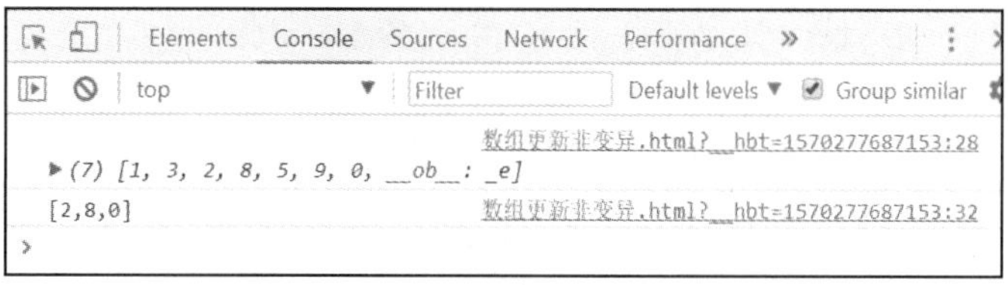

```
Elements  Console  Sources  Network  Performance  »
top  Filter  Default levels ▼  Group similar
                                   数组更新非变异.html?__hbt=1570277687153:28
▶(7) [1, 3, 2, 8, 5, 9, 0, __ob__: _e]
[2,8,0]                            数组更新非变异.html?__hbt=1570277687153:32
>
```

（a）filter 方法的效果

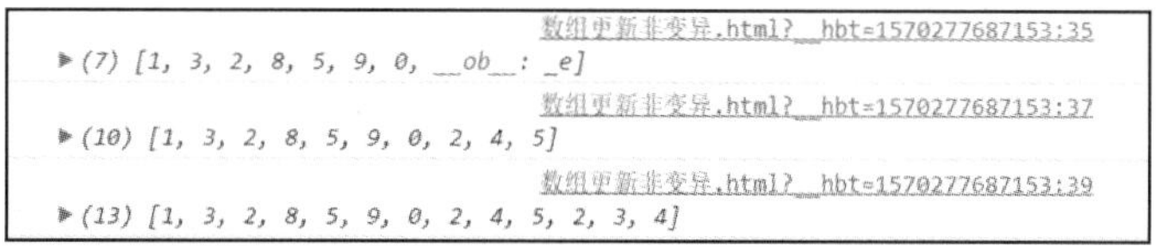

```
                                   数组更新非变异.html?__hbt=1570277687153:35
▶(7) [1, 3, 2, 8, 5, 9, 0, __ob__: _e]
                                   数组更新非变异.html?__hbt=1570277687153:37
▶(10) [1, 3, 2, 8, 5, 9, 0, 2, 4, 5]
                                   数组更新非变异.html?__hbt=1570277687153:39
▶(13) [1, 3, 2, 8, 5, 9, 0, 2, 4, 5, 2, 3, 4]
```

（b）concat 方法的效果

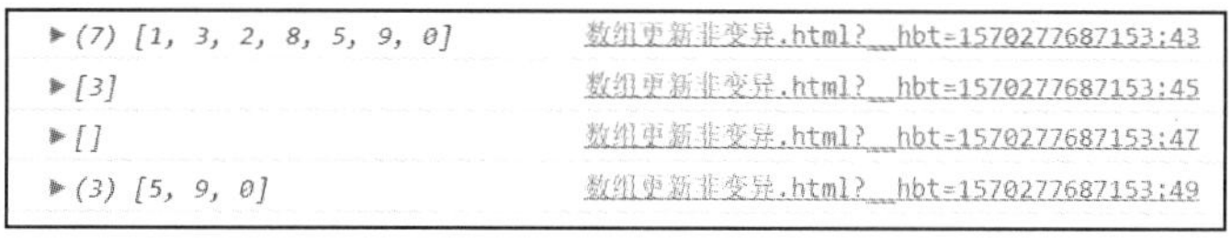

```
▶(7) [1, 3, 2, 8, 5, 9, 0]         数组更新非变异.html?__hbt=1570277687153:43
▶[3]                               数组更新非变异.html?__hbt=1570277687153:45
▶[]                                数组更新非变异.html?__hbt=1570277687153:47
▶(3) [5, 9, 0]                     数组更新非变异.html?__hbt=1570277687153:49
```

（c）slice 方法的效果

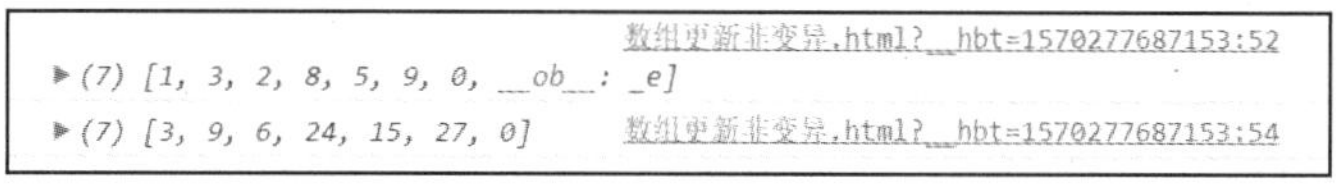

```
                                   数组更新非变异.html?__hbt=1570277687153:52
▶(7) [1, 3, 2, 8, 5, 9, 0, __ob__: _e]
▶(7) [3, 9, 6, 24, 15, 27, 0]      数组更新非变异.html?__hbt=1570277687153:54
```

（d）map 方法的效果

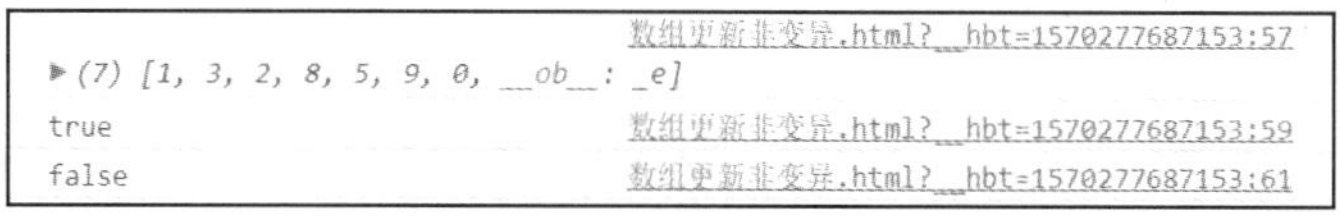

```
                                   数组更新非变异.html?__hbt=1570277687153:57
▶(7) [1, 3, 2, 8, 5, 9, 0, __ob__: _e]
true                               数组更新非变异.html?__hbt=1570277687153:59
false                              数组更新非变异.html?__hbt=1570277687153:61
```

（e）include 方法的效果

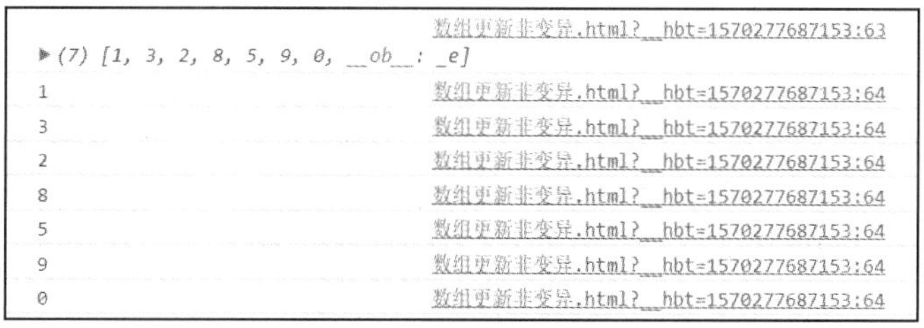

```
                                   数组更新非变异.html?__hbt=1570277687153:63
▶(7) [1, 3, 2, 8, 5, 9, 0, __ob__: _e]
1                                  数组更新非变异.html?__hbt=1570277687153:64
3                                  数组更新非变异.html?__hbt=1570277687153:64
2                                  数组更新非变异.html?__hbt=1570277687153:64
8                                  数组更新非变异.html?__hbt=1570277687153:64
5                                  数组更新非变异.html?__hbt=1570277687153:64
9                                  数组更新非变异.html?__hbt=1570277687153:64
0                                  数组更新非变异.html?__hbt=1570277687153:64
```

（f）foreach 方法的效果

图 3-17　使用非变异方法更新数组的效果

3.2 v-bind 指令

v-bind 指令被用来相应地更新 HTML 元素上的属性，主要用于属性绑定。

3.2.1 v-bind 指令的基本用法

v-bind 指令的基本语法为“v-bind:属性名”，Vue 官方为其提供了一个简写方式，如 v-bind:src 可以简写成:src，代码如下。

```
<div id="app">
        <img :src="imgSrc" :alt="alt" />
        <p :style="{color:fontColor}">今天天气真好</p>
```

```
                <p :class="{color:isActive}">今天天气真好啊！</p>
        </div>
        <script type="text/javascript">
                var vm=new Vue({
                        el:"#app",
                        data:{
                                imgSrc:"img/bear.jpg",
                                alt:"我是图片说明",
                                fontColor:"red",
                                isActive:true
                        }
                })
        </script>
```

在上述代码中，:class 等同于 v-bind:class，:style 等同于 v-bind:style。Vue 将这种写法称为语法糖，在以后的指令中还会出现类似写法，例如，v-on:click 可以简写为@click。

上述代码中的 src 属性、alt 属性、style 属性和 class 属性都被动态设置了，当数据变化时，可以重新进行渲染，效果如图 3-18 所示。

图 3-18　使用 v-bind 指令绑定属性的效果

3.2.2　v-bind 绑定样式

在 3.2.1 节的实例中，v-bind:class 被赋予了一个对象，目的是动态地切换 class。“<p :class="{color:isActive}">今天天气真好啊！</p>”语法表示 color 这个 class 存在与否将取决于数据属性 isActive 的值是 true 还是 false。此外，v-bind:class 指令也可以与普通的 class 属性共存。

```
<div class="static" :class="{ active: isActive, 'text-danger': hasError }"></div>
```

如果 hasError 的值为 true，则 class 列表将变为"static active text-danger"。

例如，把一个数组传给 v-bind:class，以应用一个 class 列表，代码如下。

```
<div id="app">
        <div :class="[activeCls, errorCls]"></div>
</div>
<script>
        var app= new Vue({
                el: '#app',
                data: {
                        activeCls: 'active',
                        errorCls: 'error'
                }
                });
</script>
```

渲染结果为“<div class="active error"></div>”。如果实际应用的时候想根据条件切换列表中的 class，则可以使用以下代码。

```
<div id="app">
    <div :class="[{'active':isActive},errorCls]"></div>
```

```
    </div>
    <script>
        var app= new Vue({
            el: '#app',
            data: {
                isActive: true,
                errorCls: 'error'
                    }
                });
    </script>
```

这种写法的渲染效果会根据 isActive 的值是 true 还是 false 来判定 active 样式是否被使用。如果是 true，则样式被使用，否则样式不被使用。根据条件，切换样式可以使用三元表达式。

```
<div :class="[isActive?classA:classB,errorCls]"></div>
```

这样将始终添加 errorCls，但是只有在 isActive 是 true 时才添加 classA，在 isActive 是 false 时添加 classB。

以上介绍的是如何绑定 class 样式，下面来看如何绑定行内样式 v-bind:style。v-bind:style 语法中可以直接加一个对象，也可以直接加一个变量，代码如下。

```
<div id="app">
    <div v-bind:style="{ color: activeColor, fontSize: fontSize + 'px' }">
</div>
<script>
    var app= new Vue({
            el: '#app',
            data: {
                activeColor: 'red',
                fontSize: 30
}
                });
</script>
```

页面渲染结果为“<div style="color: red; font-size: 30px;"></div>”。同样，也可以直接将其绑定到一个对象变量上，这种写法会使模板更清晰，代码如下。

```
<div id="app">
    <div :style="styles"></div>
</div>
<script>
    var app= new Vue({
        el: '#app',
        data: {
            styles: {
                color: 'red',
                fontSize: 30 + 'px'
                    }
                }
            });
</script>
```

v-bind:style 语法还可以将多个样式对象应用到同一个元素上，代码如下。

```
<div v-bind:style="[baseStyles, Styles]"></div>
```

在 3.1.6 节的实例中，成功地使用 v-for 指令渲染了课程类名和课程列表。如果某课程是热门课程，希望在课程名称后面标注 hot 图标，则需要绑定样式。例如，在热门课程的数据中增加数据 hot:true，在非热点课程的数据中的增加数据 hot:false，代码如下。

```
productList: {
        pc: {
          title: '前端技术',
          list: [
            {
              name: 'HTML+CSS',
              url: 'http://html.com',
              hot:true
            },
            {
              name: 'JavaScript',
              url: 'http://javascript.com',
              hot:false
            },
{
              name: 'Vue/React',
              url: 'http://Vue.com',
              hot:true
            },
          ]
        },
```

绑定简单样式后的页面渲染效果如图 3-19 所示。

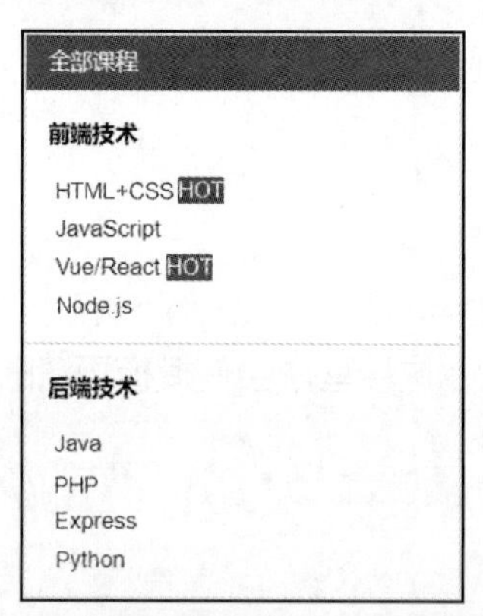

图 3-19　绑定简单样式后的页面渲染效果

复杂样式绑定的代码如下。

```
<!DOCTYPE html>
<html>
        <head>
              <meta charset="UTF-8">
              <title></title>
              <script src="https://unpkg.com/vue/dist/vue.min.js"></script>
              <style type="text/css">
                    #app {
                          width: 78%;
```

```
                height: 300px;
                margin: 0 auto;
                border: solid 1px gray;
                padding: 1% 1% 1% 5%;
            }
            #app h2 {
                font-size: 16px;
            }
            .course {
                width: 46%;
                margin-right: 3%;
                float: left;
                margin-bottom: 1%;
                border-right: dashed 1px gray;
            }
            .inner {
                width: 68%;
                padding-left: 32%;
                /*border: solid 1px red;*/
                padding-top: 10px;
                padding-bottom: 10px;
            }
            .des {
                width: 200px;
                overflow: hidden;
                text-overflow: ellipsis;
                white-space: nowrap;
            }
            .index-board-Vue {
                background: url(img/1.jpg) no-repeat;
            }
            .index-board-js {
                background: url(img/3.jpg) no-repeat;
            }
            .index-board-html {
                background: url(img/5.jpg) no-repeat;
                background-size: 100px 100px;
            }
            .index-board-java {
                background: url(img/4.jpg) no-repeat;
            }
            .line-last {
                border: none;
            }
        </style>
    </head>
    <div id="app">
        <div class="course" v-for="(item, index) in boardList" :class="[{'line-last' : index %
2!== 0}, 'index-board-' + item.id]">
            <div class="inner">
                <h2>{{ item.title }}</h2>
```

```
                        <p class="des">{{ item.description }}</p>
                        <div class="btn">
                            <button>立即购</button>
                        </div>
                    </div>
                </div>
            </div>
            <script src="js/Vue.js"></script>
            <script type="text/javascript">
                var vm = new Vue({
                    el: "#app",
                    data: {
                        boardList: [{
                                title: 'Vue 课程',
                                description: ' 是一套用于构建用户界面的渐进式框架。',
                                id: 'Vue',
                                toKey: 'analysis',
                                saleout: false
                            },
                            {
                                title: 'JavaScript 课程',
                                description: '是一种直译式脚本语言，是一种动态类型、弱类型、基
于原型的语言，内置支持类型。',
                                id: 'js',
                                toKey: 'count',
                                saleout: false
                            },
                            {
                                title: 'HTML 课程',
                                description: '超文本标记语言(HyperText Markup Language,
HTML)是一种用于创建网页的标准标记语言。',
                                id: 'html',
                                toKey: 'forecast',
                                saleout: true
                            },
                            {
                                title: 'Java 课程',
                                description: '是一门面向对象编程语言。',
                                id: 'java',
                                toKey: 'publish',
                                saleout: false
                            }
                        ],
                    }
                })
            </script>
    </html>
```

绑定复杂样式后的页面渲染效果如图 3-20 所示。

图 3-20　绑定复杂样式后的页面渲染效果

3.3 v-model 指令

v-model 指令的本质是监听用户的输入事件，从而更新数据，并对一些极端场景进行特殊处理。同时，v-model 指令会忽略所有表单元素的 value、checked、selected 特性的初始值，它会将 Vue 实例中的数据作为数据来源。当输入事件发生时，它会实时更新 Vue 实例中的数据，从而实现数据的双向绑定。

3.3.1 v-model 指令的基本用法

v-model 指令通过监听用户的输入事件来更新数据，代码如下。

```
<div id="app">
<input type="text"  placeholder="请输入..."  v-model="message">
<p>输入的内容是: {{message}}</p>
</div>
<script>
    var  Vue=new Vue({
        el:'#app',
        data:{
            message:''
        },
    });
</script>
```

在此实例中，message 的初始值为空，当用户在文本框中输入内容时，message 的值会实时更新，并将改变后的值显示到页面中。输入内容前后的页面渲染效果如图 3-21 和图 3-22 所示。

图 3-21　输入内容前的页面渲染效果

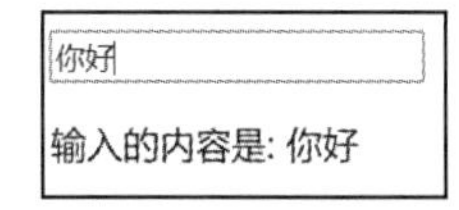

图 3-22　输入内容后的页面渲染效果

上面的实例将 v-model 指令用在了表单的文本框上，下面来看在其他表单控件上是如何使用 v-model 指令的。

```
<div id="app">
        <p>选择的选项是：{{picked}}</p>
        <input type="radio" name="" id="" value="JS" :checked="checked" v-model="picked"/>js
        <input type="radio" name="" id="" value="HTML" v-model="picked"/>html
        <input type="radio" name="" id="" value="CSS" v-model="picked"/>css
        <p>你的爱好是：{{pickedbox}}</p>
```

```
<input type="checkbox" name="" id="" value="旅游"   v-model="pickedbox"/>旅游
<input type="checkbox" name="" id="" value="看电影" v-model="pickedbox"/>看电影
<input type="checkbox" name="" id="" value="游泳" v-model="pickedbox"/>
游泳
<input type="checkbox" name="" id="" value="跑步" v-model="pickedbox"/>
跑步
        <p>你的年龄是：{{selected}}</p>
        <select name="" v-model="selected">
                <option value="18 岁">18 岁</option>
                <option value="18 岁-30 岁">18 岁-30 岁</option>
                <option value="30 岁-40 岁">30 岁-40 岁</option>
                <option value="40 岁以上">40 岁以上</option>
        </select></div>
        <script type="text/javascript">
                        var vm=new Vue({
                                el:'#app',
                                data:{
                                        msg:'',
                                        checked:true,
                                        picked:"js",
                                        pickedbox:[],
                                        selected:"18 岁"
                                }
                        });
            </script>
```

此实例分别将 v-model 指令应用在了单选按钮、复选框和列表框上。当用户更改了控件的默认值后，data 中的数据会发生改变，同时会将改变后的新数据渲染到页面上。页面默认效果及用户改变默认值后，页面的效果如图 3-23 和图 3-24 所示。

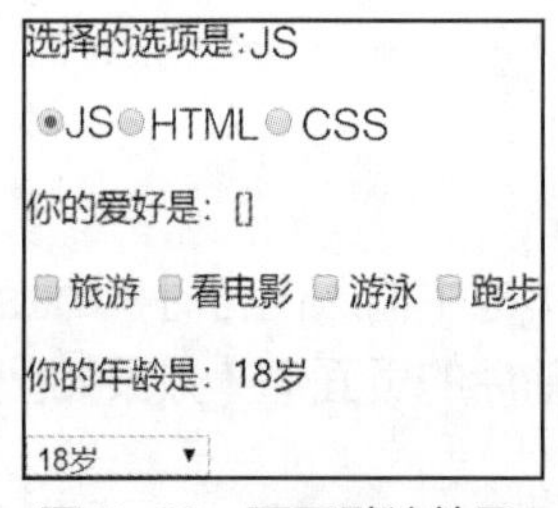

图 3-23　页面默认效果

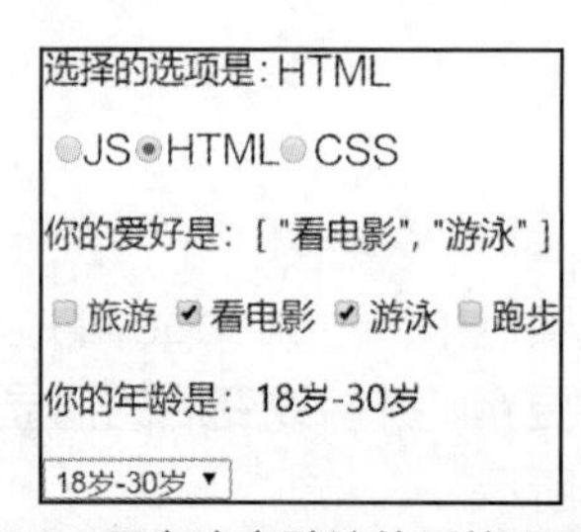

图 3-24　用户改变默认值后的页面效果

3.3.2　使用 v-for 指令动态渲染选项

在实际应用中，经常使用 v-for 指令动态输出列表框的<option>，其 value 和文本也是通过 v-bind 指令动态输出的，代码如下。

```
<div id="app">
                <select v-model="selected">
                        <option v-for="option in options" v-bind:value="option.value">
                                {{ option.text }}
                        </option>
                </select>
                <span>Selected: {{ selected }}</span>
```

```
        </div>
        <script>
            var Vue = new Vue({
                el: '#app',
                data: {
                    selected: 'A',
                    options: [{
                                text: 'One',
                                value: 'A'
                            },
                            {
                                text: 'Two',
                                value: 'B'
                            },
                            {
                                text: 'Three',
                                value: 'C'
                            }
                    ]
                },
            });
        </script>
```

选择“One”“Two”后的页面渲染效果如图 3-25 和图 3-26 所示。

One Selected: A

图 3-25　选择“One”后的页面渲染效果

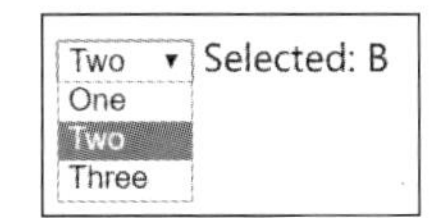

图 3-26　选择“Two”后的页面渲染效果

3.3.3 绑定值

对于单选按钮、复选框及列表框的选项，v-model 绑定的值通常是静态字符串，如果想把值绑定到 Vue 实例的一个动态属性上，就可以使用 v-bind 指令来实现，且这个属性的值可以不是字符串，代码如下。

```
<div id="app">
        <input type="radio" name="" id="" v-model="checked"   :value="value"/>js
        <p>checked 值：{{checked}}<br/>value 的值：{{value}}</p></div>
<script type="text/javascript">
                var vm=new Vue({
                    el:'#app',
                    data:{
                        checked:true,
                        value:123
                    }
                });
        </script>
```

当单选按钮没有被选中时，checked 的值是 true；当单选按钮被选中时，checked 的值是 123，和 value 的值相同。其页面渲染效果分别如图 3-27 和图 3-28 所示。

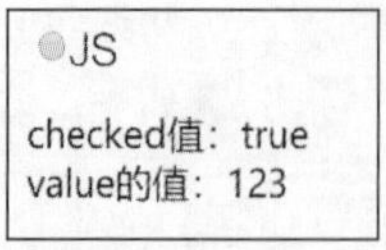

JS

checked值：true
value的值：123

图 3-27　单选按钮没有被选中时的页面渲染效果

JS

checked值：123
value的值：123

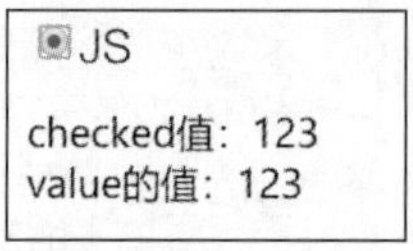

图 3-28　单选按钮被选中时的页面渲染效果

3.3.4　修饰符

1. .lazy

在默认情况下，v-model 在每次 input 事件触发后都将输入框的值与数据进行同步。通过添加.lazy 修饰符，从而转变为与 change 事件进行同步，例如，<input v-model.lazy="msg" >，.lazy 的作用是在“change”时而非“input”时更新。

2. .number

如果想自动将用户的输入值转换为数值类型，则可以给 v-model 添加.number 修饰符。例如<input v-model.number="age" type="number">。这通常很有效，因为即使在 type="number"时，HTML 输入元素的值也总会返回字符串。使用.number 修饰符的主要作用是限制用户只能输入数字。

3. .trim

如果要自动过滤用户输入的首尾空白字符，可以给 v-model 添加.trim 修饰符，例如，在“<input v-model.trim="msg">”中，.trim 修饰符可以自动过滤输入的首位空格。

3.4　案例——简易学生管理功能

1. 案例描述

该案例需添加学生信息，并设置了在用户输入信息的时候需要进行验证，学生姓名不能为空，学生年龄不能小于 10 岁。按要求输入信息后，可以将学生信息插入到用户信息表中。通过该案例，我们可以查看所有学生的平均年龄，并且可以按年龄升序显示学生信息，还可以搜索某一名学生的具体信息（支持模糊查询）。

2. 案例设计

（1）通过 CDN 引用 Bootstrap 的 CSS 样式，布局和美化页面。

（2）使用表单输入学生信息。

（3）使用表格显示所有学生信息。

（4）使用数组存储学生信息，并使用数组更新方法对数组进行数据更新。

（5）使用计算属性计算所有学生的平均年龄。

3. 案例代码

```
<!DOCTYPE html>
<html>
        <head>
<meta name="viewport" content="width=device-width, initial-scale=1.0, maximum-scale=1.0, user-scalable=0">
<link rel="stylesheet" href="http://cdn.bootcss.com/bootstrap/3.3.0/css/bootstrap.min.css">
            <meta charset="UTF-8">
```

```
                <title></title>
                <style type="text/css">
                        [v-cloak]{
                                display: none;
                        }
                        fieldset{
                                width:600px;
                                border: 1px solid cornflowerblue;
                                margin: 0;
                                margin-bottom: 10px;
                        }
                        fieldset input{
                                width:200px;
                                height: 30px;
                                margin: 10px 0;
                        }
                        fieldset button{
                                width:100px;
                                height: 30px;
                                margin-top: 10px;
                        }
                        table{
                                width:620px;
                                border: 1px solid red;
                                text-align: center;
                        }
                        thead{
                                background-color:cornflowerblue;
                        }
                </style>
        </head>
        <div id="app" class="container" v-cloak>
                <!--第一部分-->
                        <h3>学生录入系统</h3>
                        <div>
                                <label for="username">用户名:</label>
<input  type="text"  id="username"  class="form-control"  placeholder=" 输 入 用 户 名 "  v-model=
"newStudent.name">
                        </div>
                        <div>
                                <label for="">密码:</label>
                                <input  type="text"  name=""  id=""  class="form-control"  value=""
placeholder="请输入年龄" v-model="newStudent.age"/>
                        </div>
                        <div>
                                <span>性别：</span>
                                <select name="" id="" v-model="newStudent.sex" class=sel>
                                        <option value="男">男</option>
                                        <option value="女">女</option>
                                </select>
                </div>
```

```
                    <button @click="creatNewstudent()" class="btn btn-danger">创建新用户</button>
                <!--第二部分-->
                <hr />
    <h3 class="h3 text-info">用户信息表</h3>
            <button @click="avg()">显示所有学生的平均年龄</button>
            <button @click="sortedStudents()">按年龄升序显示学生信息</button>
                <table class="table table-bordered table-hover">
                    <thead>
                        <tr>
                            <td>姓名</td>
                            <td>年龄</td>
                            <td>性别</td>
                            <td>操作</td>
                        </tr>
                    </thead>
                        <tbody>
                            <tr v-for="(student,index) in students">
                                <td>{{student.name}}</td>
                                <td>{{student.age}}</td>
                                <td>{{student.sex}}</td>
                                <td><button @click="deleteStudent(index)" class="btn btn-
primary">删除</button></td>
                            </tr>
                    </tbody>
                    </table>
                按姓名搜索：<input type="text" v-model="search"/>
                <button @click="filteredStudents()" class="btn btn-primary">搜索</button>
                </div>
                <script src="js/Vue.js"></script>
                <script type="text/javascript">
                    var vm=new Vue({
                        el:"#app",
                        data:{
                            students:[
                                {name:"张三",age:20,sex:"男"},
                                {name:"李四",age:22,sex:"男"},
                                {name:"王五",age:21,sex:"女"},
                                {name:"赵四",age:20,sex:"女"},
                            ],
                            newStudent:{name:"",age:0,sex:"男"},
                            search:""
                        },
                        methods:{
                            creatNewstudent(){
                                //alert(0);
                                //姓名不能为空
                                if(this.newStudent.name===""){
                                    alert("姓名不能为空");
                                    return;
                                }
                                //年龄不能小于 10 岁
```

```
                    if(this.newStudent.age<10){
                        alert("年龄不能小于 10");
                        return;
                    }
                    //向数组中添加一个新记录
                    this.students.unshift(this.newStudent);
                    //清空数据
                    this.newStudent={name:"",age:0,sex:"男"}
                },
                //删除一条学生记录
            deleteStudent(index){
                this.students.splice(index,1);
            },
            filteredStudents(){
                    search=this.search;
                    //alert(search);
                vm.students=this.students.filter(function(item){
                        return item.name.match(search);
                    });
            },
            sortedStudents(){
                    this.students.sort(function(a,b){
                        return a.age>b.age;
                    })
                },
            },
            computed:{
                sum(){
                    var sum = 0;
                    for(var i = 0; i < this.students.length; i++){
                        sum += this.students[i].age;
                    }
                    return sum;
            },
            avg(){
                alert('平均年龄为：'+this.sum/this.students.length);
            },
            }
        })
    </script>
</html>
```

4. 案例解析

上述代码的视图分为两部分，第一部分是录入学生信息，主要使用表单元素；第二部分是显示学生信息，主要使用表格显示。添加学生信息、删除学生信息、搜索学生信息的功能是通过使用数组更新的方法实现的。

5. 案例运行

初次渲染效果如图 3-29 所示。

不输入学生姓名或输入的年龄小于 10 岁时，会提示错误信息，如图 3-30 和图 3-31 所示。

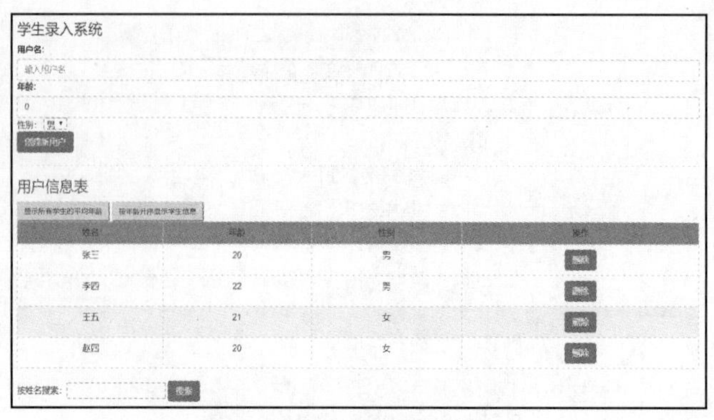

图 3-29　初次渲染效果

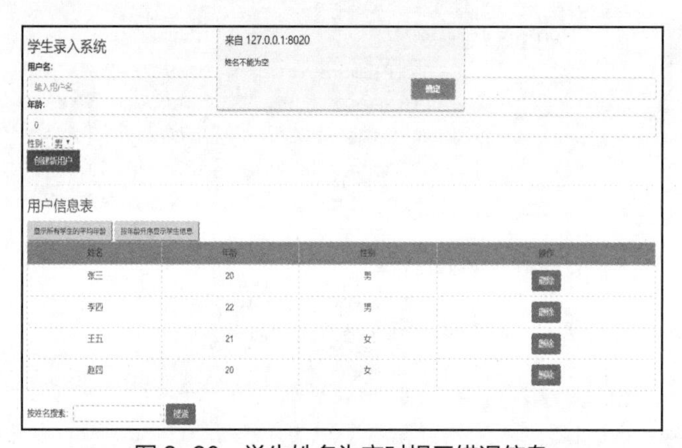

图 3-30　学生姓名为空时提示错误信息

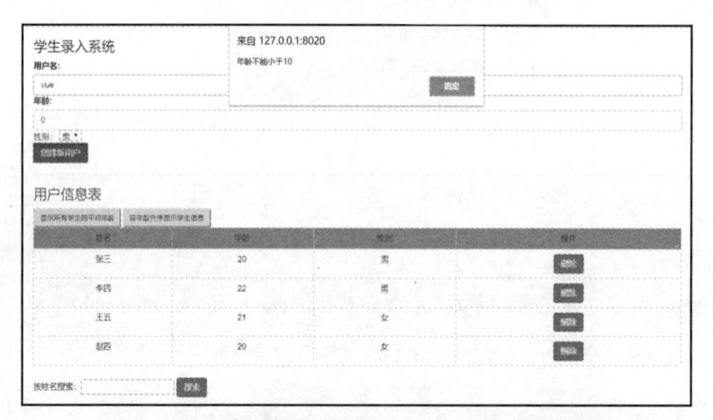

图 3-31　输入的年龄小于 10 岁时的错误信息

输入学生姓名包含的文字，可以搜索出符合条件的所有学生的信息，即模糊查询。例如，查询姓名中包含“四”的学生信息，模糊查询的结果如图 3-32 所示。

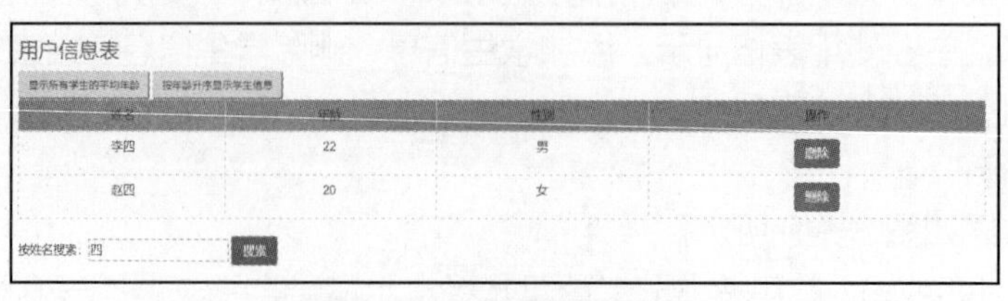

图 3-32　模糊查询的结果

3.5 本章小结

本章主要对 Vue 中常用的基本指令进行了详细介绍，并对 Vue 中的 v-bind 和 v-model 指令的基本用法进行了详细介绍，最后对简易学生管理功能案例进行了讲解。

3.6 本章习题

1. 选择题

（1）下列代码中有一个 el 参数，它是 DOM 元素中的（　　）。

```
var vm = new Vue({
                        el: '#Vue_det',
                        data: {
                        },
            })
```

A. 属性　　B. 名称　　C. id　　D. class

（2）完整的 v-on 语法<a v-on:click="doSomething"></a>可以缩写为（　　）。

A. <a onclick="doSomething"></a>

B. <a :click="doSomething"></a>

C. <a @click="doSomething"></a>

D. <a click="doSomething"></a>

（3）执行下列代码后，页面的渲染效果是（　　）。

```
<div id="app">
<input type="radio" id="runoob" value="Vue" v-model="picked">
<label for="runoob">Vue.js</label>
<br>
<input type="radio" id="google" value="js" v-model="picked">
<label for="google">JavaScript</label>
<br>
<span>选中值为: {{ picked }}</span>
</div>
<script>
new Vue({
   el: '#app',
   data: {
      picked : 'Vue'
   }
})
</script>
```

A. ◉ Vue.js
○ JavaScript
选中值为: Vue.js

B. ○ Vue.js
○ JavaScript
选中值为: Vue.js

C. ◉ Vue.js
○ JavaScript
选中值为: Vue

D. ◉ Vue.js
○ JavaScript
选中值为: runoob

（4）Vue 中的 v-for 指令可以使用在任何有效的 HTML 标签上，其用于渲染数组的基本语法中正确的为（　　）。

A. v-for=(item,index) in items　　B. v-for:(item,index) in items

C. v-for=index in items　　D. v-for:index in items

（5）在 Vue 中，如果用户已经登录，则浏览器显示“欢迎**登录”；如果用户没有登录，则浏览器显示一个“登录”的超链接。实现此功能时，需要使用（　　）指令。

A. v-on　　B. v-if　　C. v-for　　D. v-else

（6）下列关于 v-if 和 v-show 的描述中，不正确的是（　　）。

A. v-if 与 v-show 都可以动态控制 DOM 元素的显示及隐藏

B. v-if 不可以动态控制 DOM 元素的显示及隐藏

C. v-if 的显示及隐藏是对 DOM 元素的整体添加或删除

D. v-show 隐藏是为该元素添加 css--display:none，DOM 元素还存在

（7）下列数据绑定方法不正确的是（　　）。

A. {{'abc'}}　　B. {{msg}}　　C. {{num+1}}　　D. {{sum=num+1}}

（8）在 Vue 中，运行下列代码的结果是（　　）。

```
new Vue({ data: { a: 1, b: 2 },
    created: function () { console.log(this.a) },
mounted(){ console.log(this.b) } })
```

A. 1，2　　B. 1，1　　C. 2，2　　D. 2，1

（9）下列代码的运行结果是（　　）。

```
<div id="app"> {{ message.split('').reverse().join('') }} </div>
<script> new Vue({ el: '#app', data: { message: 'hello' } }) </script>
```

A. Hello　　B. hel　　C. olleh　　D. llo

（10）用于监听 DOM 事件的指令是（　　）。

A. v-on　　B. v-model　　C. v-bind　　D. v-html

（11）以下是 Vue 常用修饰符的是（　　）。

A. .number　　B. .trim　　C. .enter　　D. .last

（12）Vue 中，关于 v-bind 绑定样式的写法正确的是（　　）。

A. <div v-bind:class="{ active: isActive }"></div>

B. <div v-bind:class="{ active: isActive, 'text-danger': hasError }"></div>

C. <div v-bind:class="[activeClass, errorClass]"></div>

D. <div v-bind:class="classObject"></div>

2. 编程题

通过编程实现购物车功能。单击“+”“-”按钮时，可以更改购买数量；单击删除按钮时，可以删除对应的商品。购物车功能的界面效果如图 3-33 所示。

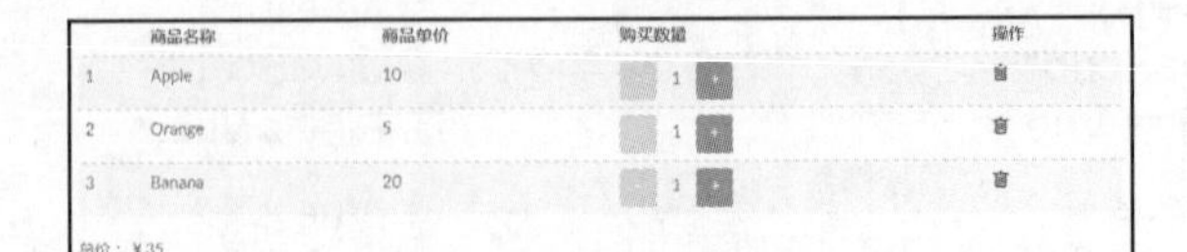

图 3-33　购物车功能的界面效果

第 4 章 Vue.js组件

04

内容导学

组件是可复用的 Vue 实例，通过在“<>”中填加组件名称（如<button-counter>）即可在模板中使用组件。开发者可以把组件作为自定义元素来使用，并且组件是可复用的 Vue 实例，所以它们与 new Vue 接收相同的选项，如 data、computed、watch、methods 及生命周期钩子函数等。

学习目标

1. 掌握局部组件和全局组件注册的方法。
2. 掌握组件的基本使用方法。
3. 掌握组件间的通信方法。
4. 掌握创建自定义组件的方法。
5. 掌握组件内容分发的方法。
6. 熟悉动态组件。

4.1 组件的基本使用

前端组件（component）化开发是现在前端框架中一个非常重要的思想，对页面内容进行拆分之后，便可独立维护，可复用性大大提高了。哪里出现问题，直接去修改对应的组件即可。团队人员配置多的时候，可以各自修改自己的组件，相互不影响、不冲突。而组件的合理拆分也就变成了衡量开发人员编程水平的维度之一。组件是 Vue.js 最强大的功能之一，它可以扩展 HTML 元素，封装可重用的代码。组件系统让开发者可以用独立可复用的小组件来构建大型应用，几乎任意类型的应用界面都可以抽象为一个组件树。抽象的组件树如图 4-1 所示。

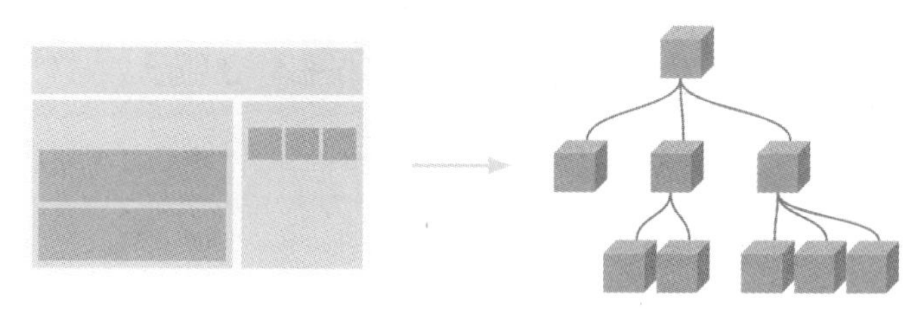

图 4-1　抽象的组件树

4.1.1 全局组件

Vue 官网提供了直接使用 Vue 的 component 方法，直接全局注册组件。注册一个全局组件的语法格式是 Vue.component(tagName,options)。其中，tagName 为组件名，

options 为配置选项。注册后，可以通过以下方式来调用组件：<tagName></tagName>。所有实例都能使用全局组件，代码如下。

```
<div id="app">
        <h4>第一次使用:</h4>
    <my-component></my-component>
</div>
<div id="app1">
        <h4>第二次使用:</h4>
    <my-component></my-component>
</div>
<script>
    <!--注册-->
    Vue.component('my-component',{
template: '<div><h1>这里是组件的内容</h1><h2>这里是组件的内容</h2></div>'
            });
            var app= new Vue({
                el: '#app',
            });
            var app1= new Vue({
            el: '#app1',
            });
</script>
```

在上述代码中，使用的“<my-component> </my-component>”就是一个自定义的组件。使用 Vue.component 可以直接注册全局组件，在任何一个<div>中使用该组件。全局组件的页面渲染效果如图 4-2 所示。

图 4-2　全局组件的页面渲染效果

提示　　**template 中必须只有一个根节点，如果删除<div>根节点，如“template:'<h1>这里是组件的内容</h1><h2>这里是组件的内容</h2>'”，则浏览器会报错，其报错信息如图 4-3 所示。**

```
▶[Vue warn]: Error compiling template:                                vue.js:597

<h1>这里是组件的内容</h1><h2>这里是组件的内容</h2>

- Component template should contain exactly one root element. If you are using v-if on multiple elements, use
v-else-if to chain them instead.

found in

---> <MyComponent>
       <Root>
```

图 4-3　删除 <div> 根节点后的报错信息

4.1.2　局部组件

也可以在实例选项中注册局部组件，这样组件只能在这个实例中使用，代码如下。

```
<div id="app">
    <my-component></my-component>
</div>
<script>
    var Child = {
                template:
                "<div><p>我是色板</p>\
                <input type='color' />\
                </div>"
            }
            var app= new Vue({
                el: '#app',
                components: {
                    'my-component' : Child
                }
            });
</script>
```

在上述代码中，在 Vue 实例中添加了一个 components 选项，即在实例选项中注册了局部组件，该组件只能使用在 app 实例中，其他实例无法使用该组件。

提 示　**如果 template 选项中的代码过长，且不支持硬回车，则必须使用 ES6 语法中的“``”标注换行，否则浏览器会报错。**

4.1.3　组件中的 data

在上面几个实例中，组件的 template 模板中都是静态的标签。同样，template 中也可以调用该组件的数据，代码如下。

```
<div id="app">
    <my-component></my-component>
</div>
<script>
    Vue.component('my-component',{
        template: '<div>{{message}}</div>',
        data: function(){
            return {
                message: '组件内容'
                    }
                }
            });
        var app= new Vue({
            el: '#app'
            });
</script>
```

在上述例子中，可以看到 my-component 组件中的 data 不是一个对象，而是一个函数。这样的好处在于每个实例可以维护一份被返回对象的独立的副本。如果 data 是一个对象，则会影响到其他实例，因为 JavaScript 对象是引用类型的，return 外部对象是会被共享的。所以，需要为每个组件返回一个新的对象，代码如下。

```
<div id="app">
        <my-component></my-component>
        <my-component></my-component>
        <my-component></my-component>
</div>
<script>
        var data = {
            counter: 0
        };
        Vue.component('my-component',{
            template: '<button @click="counter++">单击了{{counter}}次</button>',
            data: function(){
                return data;
            }
        });
        var app= new Vue({
            el: '#app'
        });
</script>
```

在上述实例中，单击一个按钮时，其他所有按钮的单击次数都被增加了一次，如图 4-4 所示。

点击了0次 点击了0次 点击了0次　点击了1次 点击了1次 点击了1次

图 4-4　data 不是函数时单击按钮

```
<script>

        Vue.component('my-component',{
            template: '<button @click="counter++">单击了{{counter}}次</button>',
            data: function(){
                return {
                    counter:0
                }
            }
        });
        var app= new Vue({
            el: '#app'
        });
</script>
```

只有 data 是一个函数时，对其中一个实例的操作才不会影响其他实例，如图 4-5 所示。

点击了0次 点击了0次 点击了0次 点击了1次 点击了0次 点击了0次

图 4-5　data 是函数时单击按钮

4.1.4　使用 template 元素创建组件

为了使 HTML 代码和 JavaScript 代码是分离的，便于以后的阅读和维护，通常建议使用<script>或<template>标签创建组件模板内容。首先是如何使用<template>标签创建全局组件，代码如下。

```
<div id="app">
        <my-component></my-component>
</div>
<template id="temp">
    <div>
        <h1>这是 template 元素，在外部定义的组件结构。</h1>
    </div>
</template>
<script>
        Vue.component("my-component",{
                emplate:"#temp"
            })
            new Vue({
                el:"#app",
                data:{
                }
            })
</script>
```

在上述实例中，组件内的元素直接写在<template></template>标签内，就可以正常地为标签换行，符合之前编写 HTML 标签的习惯，使代码的可读性变得更强。这里同样要注意，<template></template>内只能有一个根节点，否则浏览器会报错。

使用<template>标签也可以创建局部组件，代码如下。

```
<div id="app">
    <my-component></my-component>
</div>
<template id="temp">
    <div>
        <h1>这是 template 元素，在外部定义的组件结构。</h1>
    </div>
</template>
<script>
        var Child={template:'#temp' }
        new Vue({
            el:"#app",
            components:{
                'my-component':Child
                },
            data:{

                }
            })
</script>
```

提 示　　**通常，代码中一些没有见过的自定义标签，如<my-component>等，就是组件。每个标签代表一个组件，组件一旦注册成功，就可以复用，在很多需要使用的地方直接使用。**

4.1.5 组件嵌套

组件嵌套是指把组件与组件嵌套在一起，在父组件下的模板中，以标签的形式调用子组件。图 4-6 所示的组件树形象地展示了组件之间的层级关系。

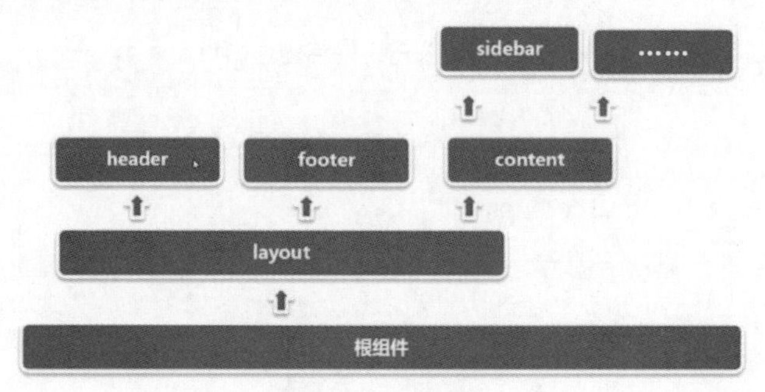

图 4-6 组件树

下面是父组件“<parent></parent>”嵌套子组件“<my-child1>”“<my-child2>”的实例，代码如下。

```
<div id="app">
    <parent></parent>
</div>
<template id="temp">
    <div>
        <my-child1></my-child1>
        <my-child2></my-child2>
    </div>
</template>
<script>
    var Child1 = {
            template: "<div><input type='text' /></div>"
            }
    var Child2 = {
            template: "<p><input type='date' /></p>"
            }
        Vue.component('parent',{
                components: {
                    'my-child1':Child1,
                    'my-child2':Child2
                },
                template:'#temp'
            });
            var app= new Vue({
                el: '#app',

            });
</script>
```

在上述实例中，父组件“<parent></parent>”以标签的形式调用了子组件“<my-child1></my-child1>”“<my-child2></my-child2>”。

4.1.6 使用 props 传递数据

组件不止要对模板的内容复用，更重要的是实现组件间的通信。通常，外部的数据需要传给组件或者父组件的数据需要传给子组件，这种正向传递数据的过程就是通过 props 来实现的。

在组件中，使用 props 选项来申明需要从父级接收的数据，props 的值可以有两种，一种是字符串数组，另一种是对象。

1. props 的值是字符串数组

当 props 的值是字符串数组时，需要构造一个数组，以接收一个来自父级的数据 message，并对它在组件模板中进行渲染，代码如下。

```
<div id="app">
    <my-component message="来自父组件的数据"></my-component>
</div>
<script>
    Vue.component('my-component', {
        props: ['message'],
        template: '<div>{{ message }}</div>'
    });
        var app = new Vue({
        el: '#app'
    })
</script>
```

上述实例中的数据 message 就是通过 props 从父级传递过来的，在组件的自定义标签上直接写有该 props 的名称。如果要传递多个数据，则在 props 数组中添加多项即可；如果要获得外部的动态数据，则需要使用 message 绑定数据，代码如下。

```
<div id="app">
    <my-component :message='message'></my-component>
</div>
<script src="../js/vue.js" type="text/javascript" charset="utf-8"></script>
<script>
    Vue.component('my-component', {
        props: ['message'],
        template: '<div>{{ message }}</div>'
    });
    var app = new Vue({
        el: '#app',
        data: {
            message: '外部数据'
        }
    })
</script>
```

props 中声明的数据与组件 data 函数返回的数据的主要区别在于，props 的数据来自父级，而 data 中的是组件自己的数据，作用域是组件本身。这两种数据都可以在 template、computed 和 methods 中使用。使用 v-bind 指令可动态绑定 props 的值，当父组件的数据变化时，也会传递给子组件，代码如下。

```
<div id="app">
    <input type="text" v-model="message">
    <my-component :message='message'></my-component>
</div>
<script src="../js/vue.js" type="text/javascript" charset="utf-8"></script>
<script>
    Vue.component('my-component', {
        props: ['message'],
        template: '<div>{{ message }}</div>'
    });
    var app = new Vue({
        el: '#app',
        data: {
            message: '外部数据'
        }
    })
</script>
```

在项目开发中，经常会遇到以下两种需要改变 props 的情况。

（1）父组件将初始值传递进来，子组件将它作为初始值保存起来，在自己的作用域中随意使用和修改初始值。在这种情况下，可以在组件 data 中再声明一个数据，引用父组件的 props，代码如下。

```
<div id="app">
    <my-component init-count="1">
    </my-component>
</div>
<script src="../js/vue.js" type="text/javascript" charset="utf-8"></script>
<script>
    Vue.component('my-component', {
        props: ['initCount'],
        template: '<div>原始值{{ count }}<button type="button" @click="add()">改变原始值</button></div>',
        data: function() {
            return {
                count: this.initCount
            }
        },
        methods:{
            add:function(){
                this.count++
            }
        }
    });
    var app = new Vue({
        el: '#app',
    })
</script>
```

在上述实例中，组件中声明了数据 count，它在组件初始化时会获取来自父组件的 initCount，之后只要维护 count 即可避免直接操作 initCount。如果要实现同步更改，可以通过监听器选项来实现，代码如下。

```
<div id="app">
    <my-component :init-count="initnum"></my-component>
</div>
<script src="../js/vue.js" type="text/javascript" charset="utf-8"></script>
<script>
    Vue.component('my-component', {
        props: ['initCount'],
        template: '<div>原始值{{ count }}<button type="button" @click="add()">改变原始值
</button><br />监听<input type="text" name="" id="" value="" v-model="count"/></div>',
        data: function() {
            return {
                count: this.initCount
            }
        },
        methods: {
            add: function() {
                this.count++
            }
        },
        watch: {
            initCount: function(newV, oldV) {
                this.count=newV;
            }
        }
    });
    var app = new Vue({
        el: '#app',
        data: {
        initnum: 100
        }
    })
</script>
```

（2）props 作为需要被转换的原始值传入。这种情况使用计算属性即可，代码如下。

```
<div id="app">
    <my-component :width="100"></my-component>
</div>
<script src="../js/vue.js" type="text/javascript" charset="utf-8"></script>
<script>
    Vue.component('my-component', {
        props: ['width'],
        template: '<div :style="style" style="background-color: yellow;">组件内容宽 100px，背景
颜色为黄色。</div>',
        computed: {
            style: function() {
                return {
                    width: this.width + 'px'
                }
            }
        }
```

```
        });
        var app = new Vue({
            el: '#app',
        })
    </script>
```

在上述代码中，父组件传递的数据是 100，但是样式表中的 width 属性的值需要指定单位，所以在计算属性中获取父组件传递过来的数据后，要将数据 100 转换成 100px。

2. props 的值是对象

props 除了可以传递数组之外，还可以传递对象。例如，如果需要对传入的参数进行检验，则需要将 props 的值设置为一个对象，代码如下。

```
<div id="app">
            <h3>父级数据：</h3>
            <p>姓名：{{name}} 年龄：{{age}}</p>
            <mycomponent :age='age'  :name='name'></mycomponent>
        </div>
        <template id="temp">
            <div id="">
                <h3>传到子组件修改后数据：</h3>
                子组件姓名：{{myname}}，年龄：{{myage}}，爱好：{{love}}。
            </div>
        </template>
        <script src="../js/vue.js"></script>
        <script type="text/javascript">
            Vue.component('mycomponent',{
                props:{
                    age:Number,
                    name:String,
                    love:{
                        type:String,
                        default:'red book'
                    }
                },
                template:'#temp',
                data(){
                    return{
                        myname:'小'+this.name,
                        myage:this.age-30
                    }
                }
            })
            var vm=new Vue({
                el:'#app',
                data:{
                    msg:'hello world!',
                    age:'48',
                    name:'张三',
                }
            });
        </script>
```

在上述代码中，props 对象中规定父组件传入的 age 是 Number 类型，如果传入的是 String 类型，则验证不通过，控制台会发出警告。props 参数验证效果如图 4-7 所示。

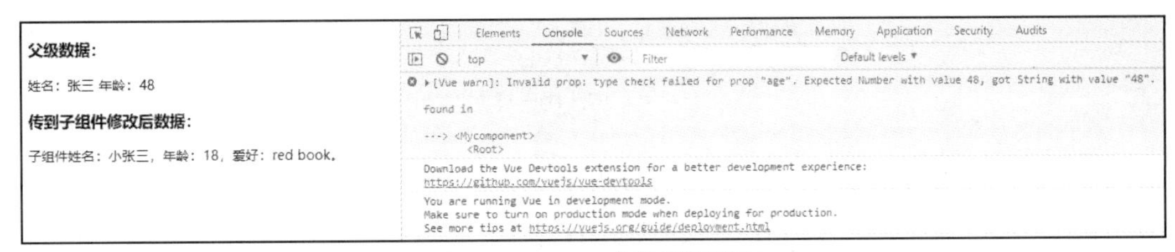

图 4-7 props 参数验证效果

在上述代码中，当没有参数传入时就会使用验证参数时允许给定的默认值，代码如下。

```
love:{
    type:String,
    default:"read book"
    }
```

提 示

在验证参数时可以要求某些参数是必传的，具体使用方法如下。

```
sex: {
     type: String,
     required:true,
},
```

在父组件中，可以给子组件传递多个数据。下面讲解使用 props 传递复杂数据的实例，代码如下。

```
<div id="app">
        <table-com :data= "gridData" :columns="gridColumns"></table-com>
        </div>
        <template id="temp">
            <div class="container">
                <table class="table table-bordered table-hover">
                <tr><th v-for="col in columns">{{col}}</th></tr>
                <tr v-for="row in data"><td v-for="col in columns">{{row[col]}}</td></tr>
                </table>
            </div>
        </template>
        <script src="../js/vue.js"></script>
        <script type="text/javascript">
            Vue.component('table-com',{
                template:"#temp",
                props:{
                    data:Array,
                    columns:Array
                }
            })
            var vm = new Vue({
                el: '#app',
```

```
            data: {
                gridColumns: ['课程', '价格', '描述'],
                gridData: [{
                    课程: 'Vue 课程',
                    价格: 20,
                    描述: '是一套用于构建用户界面的渐进式框架。'
                }, {
                    课程: 'JavaScript 课程',
                    价格: 21,
                    描述: '是一种直译式脚本语言，是一种动态类型、弱类型、基于原型的语言，
内置支持类型。'
                }, {
                    课程: 'HTML 课程',
                    价格: 22,
                    描述: '超文本标记语言(HyperText Markup Language, HTML)。'
                }, {
                    课程: 'Java 课程',
                    价格: 20,
                    描述: '是一门面向对象编程语言。'
                }]
            }
        });
    </script>
```

在上述代码中，父级传给表格组件“table-com”的数据是两个数组，每个数组中的数据都需要使用 v-for 指令遍历循环显示。父级向表格组件传递数据的浏览器显示效果如图 4-8 所示。

课程	价格	描述
Vue课程	20	是一套用于构建用户界面的渐进式框架。
JavaScript课程	21	是一种直译式脚本语言，是一种动态类型、弱类型、基于原型的语言，内置支持类型。
HTML课程	22	超文本标记语言(HyperText Markup Language,HTML)。
Java课程	20	是一门面向对象编程语言。

图 4-8　父级向表格组件传数据的浏览器显示效果

4.2 组件通信

组件是 Vue.js 最强大的功能之一。组件实例的作用域是相互独立的，这就意味着不同组件之间的数据无法相互引用。一般来说，组件之间的关系如图 4-9 所示。A 和 B、B 和 C、B 和 D 都是父子关系，C 和 D 是兄弟关系，A 和 C、A 和 D 是隔代关系（可能隔多代）。

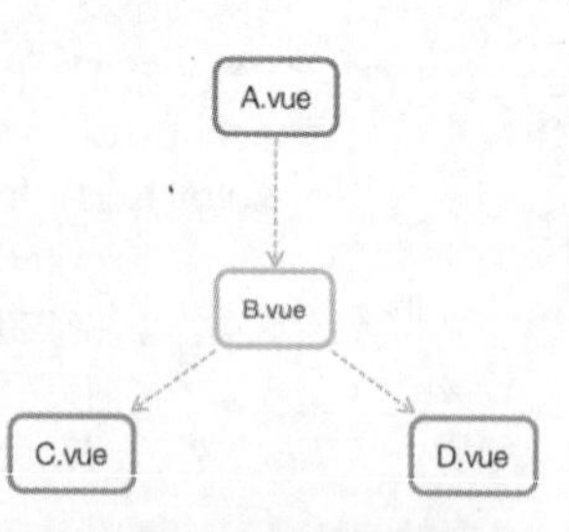

图 4-9　组件之间的关系

组件通信时，根据组件之间关系的不同，有着不同的通信方式。组件间通信包括 3 种情况：父组件向子组件通信；子组件向父组件通信；非父子组件之间的通信。针对不同的使用场景，如何选择有效的通信方式是本书要讲解的主题。下面介绍 Vue 组件间通信的几种方式。

4.2.1 父组件向子组件通信

通常，父组件的模板中包含子组件，父组件要正向地向子组件传递数据或者参数，子组件在接收到数据或参数后，会根据数据或参数的不同进行对应的渲染。这个正向的数据传递就是父→子组件通信。在 Vue 组件中，是通过 props 来实现的。props 的值有两种：一种是字符串数组，另一种是对象。使用 props 实现父组件向子组件传递数据时，需要使用 props 选项来声明从父组件接收的数据，代码如下。

```
<div id="app">
<my-component message="今天天气很好" img-src="img/bear.jpg">
</my-component>
</div>
<template id="temp">
      <div>
            <h3>{{message}}</h3>
            <img :src='ImgSrc' />
      </div>
</template>
<script>
            Vue.component('my-component',{
                  props:["message","ImgSrc"],
                        template: "#temp"
                  });
                  var app= new Vue({
                        el: '#app'
                  });
</script>
```

在上述代码中，props 声明的是字符串数组，子组件在 props 中创建了两个属性["message","ImgSrc"]，用以接收父组件传递过来的值。在子组件标签中，添加子组件 props 中创建的属性，把需要传递给子组件的值赋给该属性。props 字符串数组中的 message 和 ImgSrc 会作为组件 my-component 的属性来赋值父组件要传递的数据，子组件中渲染出来的数据来自父组件。

提示 **由于 HTML 特性不区分字母大小写，因此，当使用 DOM 模板时，驼峰命名（ImgSrc）的 props 名称在组件中使用时，要转换为短横分割命名（img-src），否则浏览器会报错，显示无法正常渲染图片。正确渲染效果如图 4-10 所示，驼峰命名报错如图 4-11 所示。**

图 4-10 正确渲染效果

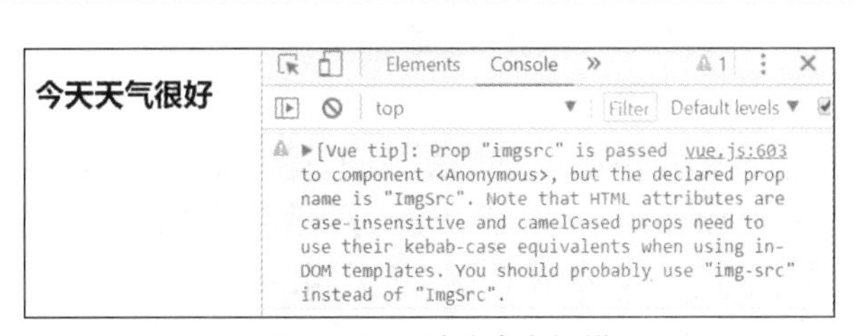

图 4-11 驼峰命名报错

在项目开发时，传递的数据不是静态的数据，而是来自父级的动态数据，此时，可以使用 v-bind 指令来动态地绑定 props 的值。当父组件的数据变化时，这种变化会传递给子组件，代码如下。

```
<div id="app">
<input type="text" name="" id="" value="" v-model="wether"/>
<my-component :message="wether" img-src="img/bear.jpg">
</my-component>
</div>
<template id="temp">
        <div>
            <h3>{{message}}</h3>
            <img :src='ImgSrc' />
        </div>
</template>
<script>
        Vue.component('my-component',{
            props:["message","ImgSrc"],
             template: "#temp"
                });
                var app= new Vue({
                    el: '#app',
                    data:{
                        wether:'今天天气很好'
                    }
                });
</script>
```

在上述代码中，在文本框中使用 v-model 指令对用户输入的值和实例的值进行了双向绑定，同时使用:message（v-bind:message）动态绑定了数据，所以当父组件中的数据发生变化时，子组件中的数据也随之发生变化。父组件数据改变前后的页面渲染效果如图 4-12 和图 4-13 所示。

图 4-12　父组件数据改变前的页面渲染效果

图 4-13　父组件数据改变后的页面渲染效果

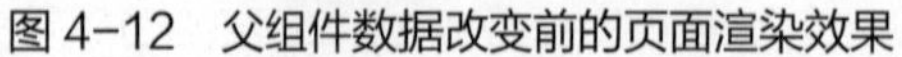

提 示　父级 props 的更新会向下流动到子组件中，但是子组件的更新不会影响父级 props。这样会防止从子组件意外改变父组件的状态，从而导致应用的数据流向难以理解。每次在父组件更新时，子组件的所有 props 都会更新为最新值。这意味开发者不应该在子组件内部改变 props。否则，Vue 会在控制台中发出警告。

4.2.2　子组件向父组件通信

当子组件需要向父组件传递数据时，就要用到自定义事件。v-on 指令除了可以监听 DOM 事件之外，还可以用于组件之间的自定义事件。

子组件通过$emit()来触发事件，父组件在子组件的自定义标签上使用 v-on 指令来监听子组件触发的自定义事件，代码如下。

```
<div id="app">
    <h2>总数：{{total}}</h2>
<my-btn @increase="getTotal" @reduce="getTotal"></my-btn>
</div>
<template id="temp">
    <div>
            <button @click="add()">单击+1</button>
            <button @click="red()">单击-1</button>
        </div>
</template>
<script type="text/javascript">
            Vue.component('my-btn',{
                template:"#temp",
                data(){
                    return{
                        counter:0
                    }
                },
                methods:{
                    add(){
                        this.counter++;
                        this.$emit("increase",this.counter);
                    },
                    red(){
                        this.counter--;
                        this.$emit("reduce",this.counter);
                    }
                }
            })
            var vm=new Vue({
                el:'#app',
                data:{
                    total:0
                },
                methods:{
                    getTotal(total){
                        this.total=total;
                    }
                }
            });
</script>
```

在上述代码中，子组件中创建了两个按钮，并分别给它们绑定了一个单击事件，在响应该单击事件的函数中使用$emit 来触发一个自定义事件，并传递一个参数（第一个参数是事件名称，第二个参数是传递参数）。在父组件的子标签中，我们可监听该自定义事件并添加一个响应该事件的处理方法。页面初始效果如图 4-14 所示，单击“点击+1”按钮后的页面效果如图 4-15 所示。

总数：0

点击+1 点击-1

图 4-14 页面初始效果

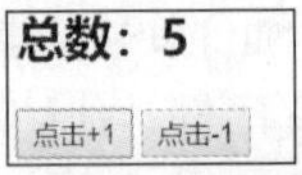

总数：5

点击+1 点击-1

图 4-15 单击“点击+1”按钮后的页面效果

上述实例中只有一个组件，没有嵌套组件，下面来看嵌套组件中子组件如何向父组件传递数据，代码如下。

```
<div id="app">
        组件外的数据{{msg}}
        <parent></parent>
    </div>
    <template id="temp">
        <div>
            <h1>这是父组件</h1>
            <p>接收子组件传来的数据为：{{msg}}</p>
            <hr>
            <child @cevent='recvmsg'></child>
        </div>
    </template>
    <script src="../js/vue.js"></script>
    <script type="text/javascript">
        Vue.component('parent',{
            template:"#temp",
            data(){
                return{
                    msg:"
                }
            },
            methods:{
                recvmsg(childmsg){
                    this.msg=childmsg
                }
            }
        })
        Vue.component('child',{
            template:`<div>
            <h1>这是子组件</h1>
            <button @click='sendmsg'>传数据给父组件</button>
        </div>`,
        data(){
            return{
                age:10
            }
        },
        methods:{
```

```
                sendmsg(){
                    this.age+=30
                    this.$emit('cevent','Vue.js 很棒！ 年龄'+this.age)
                }
            }
        })
        var vm=new Vue({
            el:'#app',
            data:{
                msg:'hello world!'
            }
        });
    </script>
```

在上述代码中，组件 parent 嵌套了组件 child，单击子组件中的“传数据给父组件”按钮，便会调用 sendmsg 函数。该函数会触发 cevent 事件，并传递数据 this.age 给父组件，父组件通过@cevent 监听事件，并执行 recvmsg 方法。数据传递前后的页面渲染效果如图 4-16 和图 4-17 所示。

图 4-16　数据传递前的页面渲染效果

图 4-17　数据传递后的页面渲染效果

4.2.3　非父子组件之间的通信

非父子组件之间通信时，需要引入一个 Vue 实例 bus 作为媒介，通过 bus 触发事件和监听事件来实现组件之间的通信和参数传递，类似于子组件向父组件通信，但是利用了一个新的 Vue 实例作为媒介，而不是以当前 Vue 实例作为媒介，代码如下。

```
    <div id="app">
    <h2>组件 A：向总线上报事件</h2>
    <my-component-a   v-bind:counter="total"></my-component-a>
    <h2>组件 B：通过总线监听相关事件</h2>
    <my-component-b></my-component-b>
    </div>
    <script>
        var bus = new Vue() ;
        Vue.component('my-component-a', {
            template: '<div><p>组件 A</p><hr><button v-on:click="doClick">{{ counter }} </button>
<hr></div>',
            data: function(){
                return   {counter: 1}
            },
            methods: {
```

```
                doClick: function(){
                    this.counter++ ;
                    bus.$emit('btn-click', this.counter)
                }
            }
        })
        Vue.component('my-component-b', {
            template: '<div><p>组件 B</p><hr>计数器：{{ counter }} <hr></div>',
            data: function () {
                return {
                    counter: 0
                }
            },
            methods: {
                foo: function (value) {
                    this.counter = value ;
                }
            },
            created : function() {
                bus.$on('btn-click', this.foo);
            }
        })
        var app = new Vue({
            el: '#app',
            data: {
                total: 0
            },
            methods: {
                doChildClick: function () {
                    this.total += 1
                }
            }
        })
    </script>
```

上述代码创建了一个 Vue 的实例 bus，并为需要传递数据的组件绑定了一个方法。该方法通过 bus.$emit()触发事件，并在接收数据的组件内通过 bus.$on（绑定在 created 中执行）监听事件，来实现两个平行组件的数据同步。

bus.$on()中有两个参数，一个是监听的事件名称，另一个是监听到事件后执行的函数。通常，我们可以把 methods 选项中的方法直接写在 bus.$on()中，代码如下。

```
methods: {
            foo: function (value) {
                this.counter = value ;
            }
    },
    created : function() {
            bus.$on('btn-click', this.foo);
    }
```

上述代码可简写如下。

```
created() {
            var _this=this
            bus.$on('btn-click', function(value){
            _this.counter=value
                    })
        }
```

非父子组件之间通信的页面渲染效果如图 4-18 所示。

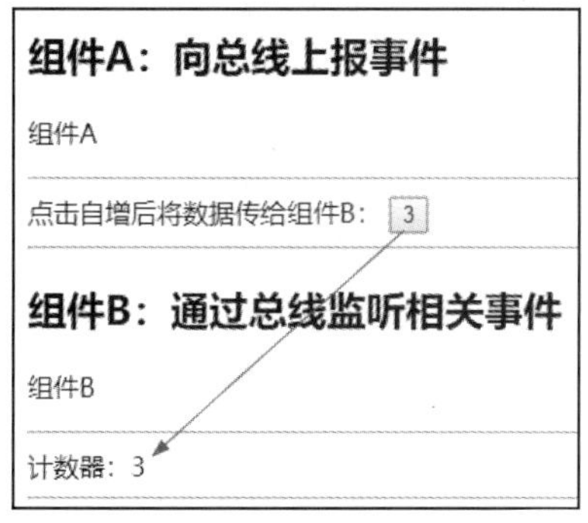

图 4-18　非父子组件之间通信的页面渲染效果

4.2.4　创建自定义组件

在项目开发的时候，通常需要用户自己开发组件，以便在项目中复用。下面通过一个实例完整地学习如何创建自定义组件。通过自定义组件模拟下拉列表效果，其效果如图 4-19 所示。

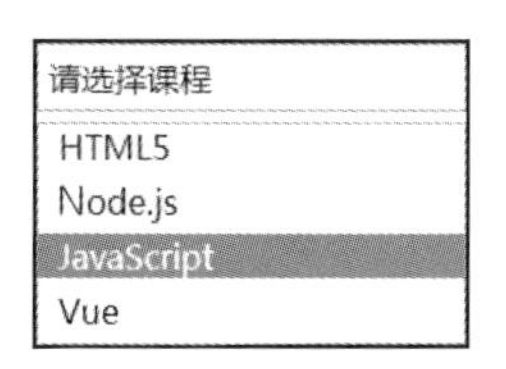

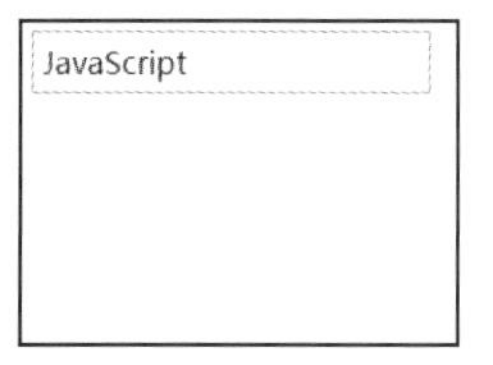

图 4-19　自定义组件的效果

当单击“请选择课程”下拉按钮的时候，课程下拉列表会显示出来。选择一门课程以后，被选择的课程就会显示在该页面中。实现该实例时，首先要进行组件注册。该实例使用全局组件和局部组件均可以实现，代码如下。

```
<div id="app">
  <div class="main clearfix">
    <div class="main-box left">
      <main-work   v-bind:btn="btnOne"></main-work>
    </div>
  </div>
</div>
<script>
     Vue.component('main-work', {
        template:   '<div class="main-work">
                          <div class="main-work-top clearfix">
                            <div class="selection-show" @click="showSelectListFunc">
                                <span>{{input}}</span>
```

```
                    </div>
                </div>
<main-work-list @setvalue="setvalue" :show="showSelectList"></main-work-list>
</div>`,
            data: function () {
                return {
                    input: '请选择课程',
                    showSelectList: false
                }
            },
            methods: {
                showSelectListFunc: function () {
                    this.showSelectList = true;
                },
                hideSelectListFunc: function () {
                    this.showSelectList = false;
                },
                setvalue: function (list, show) {
                    this.input = list;
                    this.showSelectList = !show;
                }
            }
        })
        Vue.component('main-work-list', {
            template: `<ul class="main-work-bottom" v-show="show">
                        <li v-for="list in lists" @:click="selectList(list)">{{list}}</li>
                    </ul>`,
            props: ['show'],
            data: function () {
                return {
                    lists: [
                        'HTML5',
                        'Node.js',
                        'JavaScript',
                        'Vue',
                    ]
                }
            },
            methods: {
                selectList: function (list) {
                    this.$emit('setvalue', list, this.show);
                }
            }
        })
        var app = new Vue({
            el: '#app',
            data: {
            }
        })
</script>
```

上述代码中使用了组件嵌套，父组件 main-work 中使用了子组件 main-work-list，并实现了组件间的通信。父组件将值下发给子组件，子组件使用 v-for 指令将列表值显示出来。只要改变父组件的值，子组件中的列表值就会改变。当使用$emit()触发事件实现选择子组件的列表项时，该列表项的值便可以传递给父组件。

4.3 内容分发

Vue 框架实现了一套内容分发的 API，使用<slot>标签作为承载分发内容的出口。官网对<slot>的解释为“插槽”，也就是说，slot 是一个可以插入的槽口，如同插座的插孔。当需要使组件组合使用，混合父组件的内容与子组件的模板时，就会用到 slot，这个过程被称为内容分发。也就是说，当组件的内容由父组件决定时，就会使用 slot。内容分发非常适用于“固定部分+动态部分”的组件场景。固定部分可以是结构固定，也可以是逻辑固定，从而使编写的组件更加灵活，实现组件的高度复用。

4.3.1 单个插槽

在子组件中使用特殊的<slot>元素就可以为这个子组件开启一个 slot。在父组件模板中，插入在子组件标签内的所有内容将替代子组件的<slot>标签和内容，代码如下。

```
<div id="app">
    <h1>我是父组件的标题</h1>
            <my-component>
                <p>初始内容 1</p>
                <p>初始内容 2</p>
            </my-component>
</div>
<script src="../js/vue.js" type="text/javascript" charset="utf-8"></script>
<script type="text/javascript">
    Vue.component('my-component', {
      template: '<div>
                 <h2>我是子组件的标题</h2>
                <slot>
                 <p>如果父组件没有插入内容,我将作为默认出现</p>
               </slot>
             <div>`,
           })
           new Vue({
                el: '#app'
           })
      </script>
```

在上述代码中，组件“my-component”的模板中定义了一个<slot>元素，并用一个<p>作为默认的内容，在父组件没有使用<slot>时，会渲染这段默认的文本；如果写入了<slot>，则会替换整个<slot>。在子组件中使用单个插槽的页面渲染效果如图 4-20 所示。

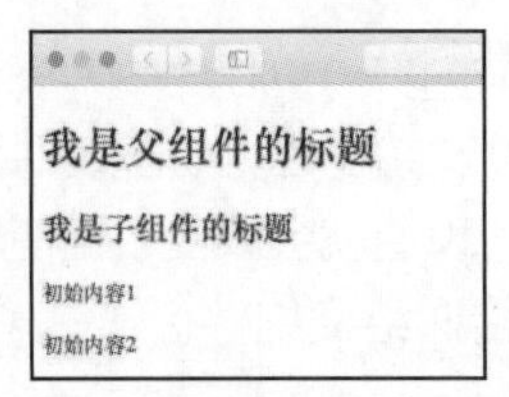

图 4-20　在子组件中使用单个插槽的页面渲染效果

子组件中的 slot 相当于一个占位，具体的内容由父组件进行分发。父组件分发的内容也可以是遍历以后的内容，代码如下。

```
<div id="app">
    <my-component>
        <div>
            <li v-for="item in myItems">{{item.username}}--{{item.text}} </li>
        </div>
    </my-component>
</div>
<script>
    Vue.component('my-component', {
        template: `
                <ul>
                    <hr>
                    <slot>默认内容</slot>
                    <hr>
                </ul>`,
    })
    var app7 = new Vue({
        el: '#app',
        data: {
            myItems:[
                {username:'Vue',text: 'Vue 课程'},
                {username:'JavaScript',text: 'JavaScript 课程'},
                {username:'HTML',text: 'HTML 课程'}
                ]
        }
    })
</script>
```

在上述代码中，父组件遍历了 data 选项中的数组数据 myItems，并将其分发到子组件的 slot 中。父组件分发遍历后的元素如图 4-21 所示。

slot插槽-父组件分发的元素可以遍历

- Vue--Vue课程
- JavaScript--JavaScript课程
- HTML--HTML课程

图 4-21　父组件分发遍历后的元素

4.3.2　具名插槽

通过前面的实例不难看出，在使用了组件中的 slot 以后，组件的部分内容变成了动态的。

如果一个组件中有多个部分的内容是动态的，则需要为<slot>元素指定一个 name 属性，具有 name 属性的插槽称为具名插槽。具名插槽可以分发多个内容，也可以与单个插槽共存，代码如下。

```
<div id="app">
        组件第一使用:
        <pandle :count=counter @send-count='recvdata'>
                        <div slot='header'>区块头部</div>
                        <div slot="main"> 替换默认内容</div>
                        <div slot="footer"> 更多信息</div>
        </pandle>
        组件第二使用:
        <pandle :count=counter @send-count='recvdata'>
                      <div slot='header'>显示 Logo</div>
                      <div slot="main"> <img src="../img/1.jpg" ></div>
                      <div slot="footer"> 版权信息</div>
        </pandle>
</div>
          <template id="temp">
               <div class="container">
                    <div class="header">
                         <slot name='header'></slot>
                    </div>
                    <div class="main">
                         <slot name='main'>
                              <p>我是默认的内容</p>
                         </slot>
                    </div>
                    <div class="footer">
                         <slot name='footer'>
                              <p>我是默认的内容</p>
                         </slot>
                    </div>
               </div>
          </template>
          <script src="../js/vue.js"></script>
          <script type="text/javascript">
               Vue.component('pandle', {
                     template: "#temp",
               })
               var vm = new Vue({
                    el: '#app',
                    data: {
                         msg: 'hello world!',
                    },
               });
         </script>
```

在上述代码中，子组件中声明了 3 个<slot>元素，并分别指定了 name 属性。如果在子组件中使用了具有 name 属性的<slot>，那么在父组件分发内容的时候，需要使用 slot 属性。

当组件被多次调用时，组件中每个区块的内容都是不同的，这体现了组件复用的灵活性。在子组件中使用具名插槽的页面渲染效果如图 4-22 所示。

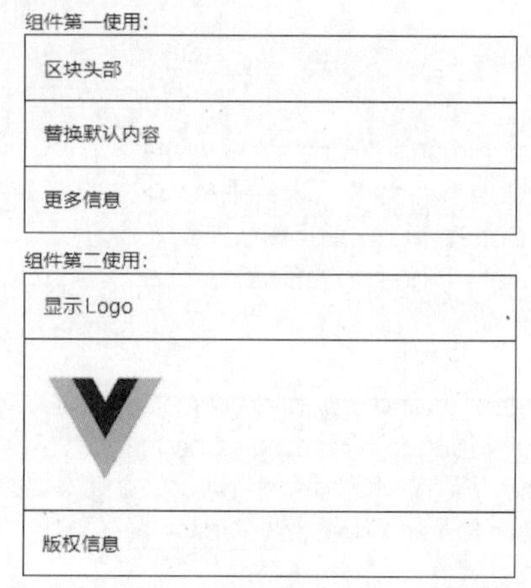

图 4-22　在子组件中使用具名插槽的页面渲染效果

父组件中不仅可以分发 HTML 元素，还可以分发组件，代码如下。

```
<html>
    <head>
        <meta charset="UTF-8">
        <title></title>
        <link rel="stylesheet" type="text/css" href="../css/dist/css/zui.css" />
    </head>
    <body>
        <div id="app">
            <button type="button" class="btn btn-lg btn-primary" data-toggle="modal"
data-target="#myModal" @click="showloginpop">登录</button>
            <button type="button" class="btn btn-lg btn-success" data-toggle="modal"
data-target="#myModal" @click="showaboutpop">关于</button>
        <pop>
            <login v-show="showlogin"></login>
            <about v-show="showabout"></about>
        </pop>
        </div>
        <template id="temp">
                <div class="modal modal-for-page fade in" id="myModal" aria-hidden="false"
style="display: none;">
                <div class="modal-dialog" style="top: 137px;">
                    <div class="modal-content">
                        <slot>默认内容</slot>
                        <div class="modal-footer">
                            <button type="button" class="btn btn-default" data-dismiss=
"modal">取消</button>
                            <button type="button" class="btn btn-primary">确定</button>
                        </div>
                    </div>
                </div>
```

```
            </div>
        </template>
        <script src="../js/vue.js"></script>
        <script      src="https://cdn.bootcss.com/jquery/3.4.1/jquery.js"      type="text/javascript"
charset="utf-8"></script>
        <script src="../css/dist/js/zui.js" type="text/javascript" charset="utf-8"></script>
        <script type="text/javascript">
            Vue.component('pop',{
                template:"#temp"
            })
            Vue.component('login',{
                template:`<div>
                <div class="modal-header">
                    <button    type="button"    class="close"    data-dismiss="modal"><span
aria-hidden="true">×</span><span class="sr-only">关闭</span></button>
                    <h4 class="modal-title">请用户输入登录信息</h4>
                </div>
                <div class="modal-body" style="max-height: initial; overflow: visible;">
                            用户名:<input type='text' /><br><br>
                            密     码:<input type='password' />
                </div></div>`
            })
        Vue.component('about',{
            template:`<div><div class="modal-header">
                    <button    type="button"    class="close"    data-dismiss="modal"><span
aria-hidden="true">×</span><span class="sr-only">关闭</span></button>
                    <h4 class="modal-title">网站介绍</h4>
                    </div>
                    <div class="modal-body" style="max-height: initial; overflow: visible;">
                    <h4>虞美人 · 春花秋月何时了 <small>五代 · 李煜</small></h4>
                            <p>春花秋月何时了？往事知多少。小楼昨夜又东风，故国不堪回首月
明中。<br>雕栏玉砌应犹在，只是朱颜改。问君能有几多愁？恰似一江春水向东流</p></div></div>`
            })
            var vm = new Vue({
                el: '#app',
                data: {
                    msg: 'hello world!',
                    showabout:false,
                    showlogin:false
                },
                methods:{
                    showloginpop(){
                        this.showlogin=true
                        this.showabout=false
                    },
                    showaboutpop(){
                        this.showlogin=false
                        this.showabout=true
                    }
                }
```

```
            });
        </script>
    </body>
</html>
```

在上述代码中，父组件 pop 分发的是子组件 login 和 about。代码中使用了 ZUI 框架样式，所以需要提前引入 zui.css 文件。当单击“登录”按钮后，会弹出登录表单，如图 4-23 所示；当单击“关于”按钮后，会弹出网站介绍的文本信息，如图 4-24 所示。单击页面的任意位置，可以关闭弹窗。

图 4-23 单击“登录”按钮后弹出的登录表单

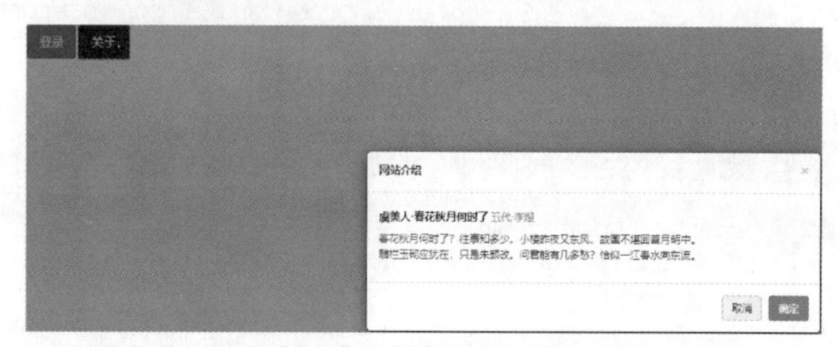

图 4-24 单击“关于”按钮后弹出的网站介绍的文本信息

4.3.3 作用域插槽

使用了<slot>元素后，子组件可向父组件传递数据，从而实现与父级的通信。Vue.js 还提供了另外一种通信方式。在父级中，具有特殊属性 scope 的 template 元素被称为作用域插槽模板。scope 的值对应一个临时变量名，此变量用于接收从子组件中传递的 props 对象，代码如下。

```
<script src="../js/vue.js"></script>
<h3>slot 作用域插槽</h3>
<div id="app">
    <my-component>
        <template scope="myProps">
            <p><span style="color:red">{{ myProps.text }}</span>,是父组件从子组件接收到的数据
</p>
        </template>
    </my-component>
</div>
<script>
    Vue.component('my-component', {
```

```
            template: `
            <div class="container">
                <slot text="hello from child"></slot>
            </div>`
        })
        var vm= new Vue({
            el: '#app'
        })
    </script>
```

在上述代码中，<slot>元素的 text 属性被赋值为“hello from child”，在父组件中使用了作用域插槽模板，在<template>元素中使用了 scope 属性对应的变量“myProps”接收子组件的数据，并通过“{{myProps.text}}”将子组件的数据显示出来。

上述实例中接收的是 text 属性指定的静态数据。作用域插槽也可以传递动态数据，代码如下。

```
<div id="app">
    <h3>slot 作用域插槽</h3>
    <my-component :items="myItems">
        <template slot="item" scope="props">
            <li>{{props.username}}-- {{ props.text }}</li>
        </template>
    </my-component>
</div>
<script>
    Vue.component('my-component', {
        props:["items"],
        template: ` <ul>
                    <hr>
    <slot name="item" v-for="item in items" :username="item.username" :text="item.text"></slot>
                    <hr>
                </ul>`,
        created: function(){
            console.log(this.items) ;
        }
    })
    var vm = new Vue({
        el: '#app',
        data: {
            myItems:[
                {username:'Vue',text: 'Vue 课程'},
                {username:'JavaScript',text: 'JavaScript 课程'},
                {username:'HTML',text: 'HTML 课程'}
                ]
        }
    })
</script>
```

4.4 动态组件

通过使用保留的<component>元素动态地绑定到其 is 特性上，可以使多个组件使用同一个挂载点，并动态进行切换。根据“v-bind:is="组件名"”中的组件名可自动匹配组件，如果匹配不到，则不显示，代码如下。

```
<div id="app">
<component :is="currentView"></component>
<button @click="handleChangView('A')">切换到 A</button>
<button @click="handleChangView('B')">切换到 B</button>
<button @click="handleChangView('C')">切换到 C</button>
</div>
<script src="https://unpkg.com/vue/dist/vue.min.js"></script>
<script>
    var app = new Vue({
        el: '#app',
        components: {
            comA: {
                template: '<div>组件 A</div>'
            },
            comB: {
                template: '<div>组件 B</div>'
            },
            comC: {
                template: '<div>组件 C</div>'
            }
        },
        data: {
            currentView: 'comA'
        },
        methods: {
            handleChangView: function (component) {
                this.currentView = 'com' + component;
            }
        }
    })
</script>
```

上述代码通过函数 handleChangView 动态地改变了 currentView 的值，这样可动态挂载不同的组件。动态组件示例效果如图 4-25 所示。

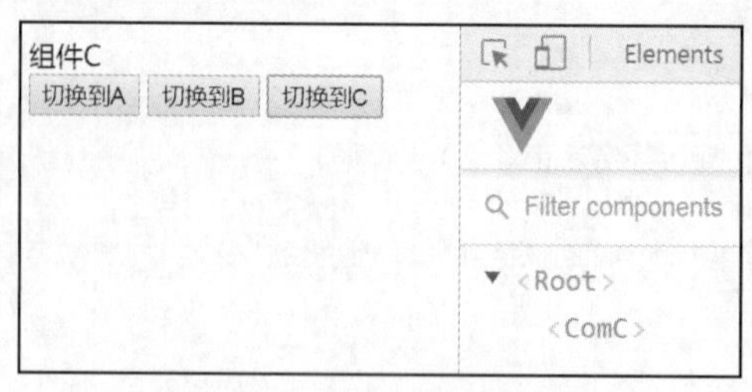

图 4-25　动态组件示例效果

动态组件方便地实现了组件的动态挂载和组件之间的切换。使用动态组件制作常见的 tab 选项卡方便快捷，代码如下。

```
<html>
    <head>
```

```
            <meta charset="utf-8">
            <title></title>
            <style type="text/css">
                .tab-content {
                        clear: both;
                        width: 600px;
                        height: 100px;
                        border: solid 1px #000;
                }
                .tab-content p {
                        padding: 10px;
                }
                #app ul {
                        list-style: none;
                        padding: 0;
                        margin: 0;
                }
                #app li {
                        width: 150px;
                        height: 40px;
                        text-align: center;
                        line-height: 40px;
                        float: left;
                        margin-right: 2px;
                        cursor: pointer;
                        color: #fff
                }
                .bg {
                        background-color: deeppink;
                }
                .active {
                        background-color: plum;
                }
                #app {
                        width: 700px;
                        margin: 0 auto;
                }
            </style>
        </head>
        <body>
            <div id="app">
                <ul>
                        <li class="bg" :class="{active: index === nowIndex}" v-for="(item,index) in
myItems" @click="toggleView(index)">{{item.username}}</li>
                </ul>
                <div class="tab-content">
                        <component :is="view"></component>
                </div>
            </div>
            <script src="../js/vue.js"></script>
```

```
<script>
    var com0 = {
        template: '<p style="background-color:pink;">是一套用于构建用户界面的渐进式框
架。</p>'
    }
    var com1 = {
        template: '<p style="background-color:yellow;">是一种直译式脚本语言，是一种动态
类型、弱类型、基于原型的语言。</p>'
    }
    var com2 = {
        template: '<p style="background-color:oldlace;">超文本标记语言(HyperText
Markup Language,HTML)</p>'
    }
    var com3 = {
        template: '<p style="background-color:orange;">是一门面向对象编程语言</p>'
    }
    var vm = new Vue({
            el: '#app',
            data: {
                view: 'com0',
                nowIndex: 0,
                myItems: [{
                        username: 'Vue 课程',
                        text: ''
                    },
                    {
                        username: 'JavaScript',
                        text: ''
                    },
                    {
                        username: 'HTML 课程',
                        text: ''
                    },
                    {
                        username: 'Java 课程',
                        text: ''
                    }
                ],
            },
            components: {
                com0,
                com1,
                com2,
                com3
            },
            methods: {
                toggleView(index) {
                    this.view = 'com' + index
                    this.nowIndex = index
                }
            },
```

```
            })
        </body>
</html>
```

上述代码将 data 选项中的 myItems 数组遍历成了 4 个选项卡。使用局部组件注册及应用这 4 个组件，选择不同的选项卡，可以分别挂载这 4 个组件。选择“Vue 课程”选项卡和“JavaScript”选项卡的效果，分别如图 4-26 和图 4-27 所示。

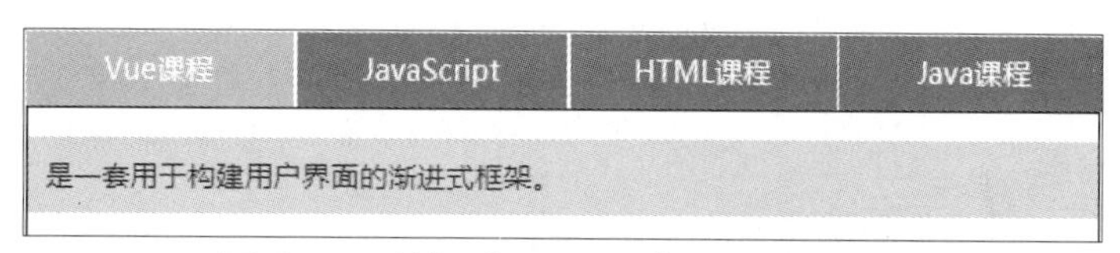

图 4-26　选择“Vue 课程”选项卡的效果

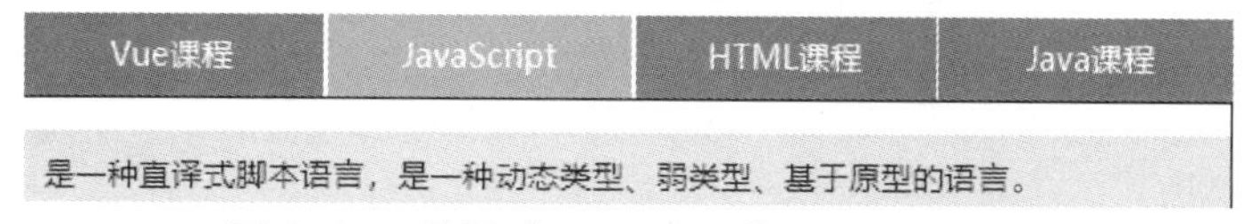

图 4-27　选择“JavaScript”选项卡的效果

4.5 案例——使用组件实现购物车功能

1. 案例描述

以组件的方法实现购物车的功能，单击“+”或“-”按钮时，数量加或减，“总价”也随之加或减。

2. 案例设计

（1）创建 HTML 文件。

（2）引入 Vue.js。

（3）注册并添加 my-main 组件。

（4）注册并添加 my-tr 组件。

3. 案例代码

```
<!DOCTYPE html>
<html>
    <head>
        <meta charset="{CHARSET}">
        <title></title>
        <link rel="stylesheet" type="text/css" href="../css/dist/css/zui.css"/>
    </head>
    <body>
        <div id="app">
            <my-main></my-main>
        </div>
    </body>
<script src="https://cdn.jsdelivr.net/npm/vue/dist/vue.js"></script>
<script>
    // my-main 组件
    Vue.component('my-main',{
        template:`
```

```
        <div class="container">
            <table class="table table-bordered text-center" border="1">
                <thead>
                    <tr>
                        <th class="text-center">编号</th>
                        <th class="text-center">名称</th>
                        <th class="text-center">单价</th>
                        <th class="text-center">数量</th>
                        <th class="text-center">总价</th>
                    </tr>
                </thead>
                <my-tr v-bind:arrs="list"></my-tr>
            </table>
        </div>
        `,
        data:function(){
            return{
                list:[
                    {pname:'huawei',price:3,count:2,sub:6},
                    {pname:'xiaomi',price:4,count:3,sub:12},
                    {pname:'apple',price:5,count:4,sub:20}
                ]
            }
        }
    })
    // my-tr 组件
    Vue.component('my-tr',{
        props:['arrs'],
        template:`
        <tbody>
                <tr v-for="(value,index) in arrs">
                    <td>{{index+1}}</td>
                    <td>{{value.pname}}</td>
                    <td>{{value.price}}</td>
                    <td>
                        <button @click='add(index)'>+</button>
                        <span>{{value.count}}</span>
                        <button @click='redu(index)'>-</button>
                    </td>
                    <td>{{value.sub}}</td>
                </tr>
                <tr>
                    <td colspan="5">总价：￥{{sum}}</td>
                </tr>
            </tbody>
        `,
        data:function(){
            return{
                sum:38
            }
        },
```

```
            methods:{
                add:function(ind){
                    //数量
                    this.arrs[ind].count++;
                    //改变小计
                    this.arrs[ind].sub=this.arrs[ind].count*this.arrs[ind].price;
                    this.total();
                },
                redu:function(ind){
                    //数量
                    if(this.arrs[ind].count>0){
                        this.arrs[ind].count--;
                    }
                    //小计
                    this.arrs[ind].sub=this.arrs[ind].count*this.arrs[ind].price;
                    this.total();
                },
                total: function () {
                    for (var i = 0, tota = 0; i < this.arrs.length; i++) {
                        tota += this.arrs[i].sub
                    }
                    this.sum = tota
                }
            }
        })
        new Vue({
            el:'#app'
        })
    </script>
    </html>
```

4．案例解析

在上述代码中，父组件 my-main 调用了子组件 my-tr，父组件将数据 list 通过 props 传递给子组件，并通过子组件中的函数计算后显示总价。

5．案例运行

案例运行效果如图 4-28 所示。

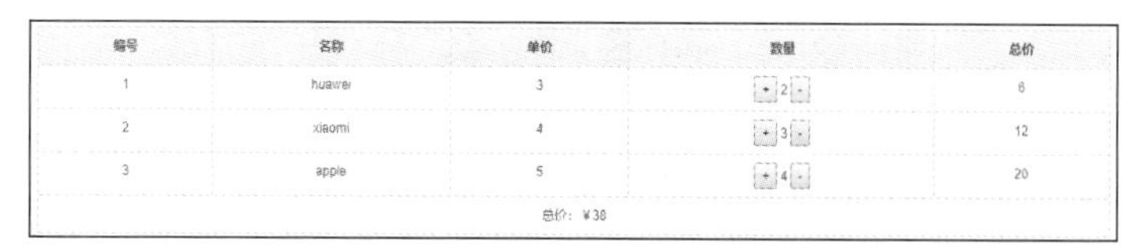

编号	名称	单价	数量	总价
1	huawei	3	+ 2 -	6
2	xiaomi	4	+ 3 -	12
3	apple	5	+ 4 -	20
总价：¥38				

图 4-28　案例运行效果

4.6 本章小结

本章对 Vue 中的全局组件、局部组件及相关内容进行了详细介绍，对 Vue 组件间的通信问题进行了讲解，介绍了 Vue 中的内容并发和动态组件，并讲解了如何使用组件实现购物车功能。

4.7 本章习题

1. 选择题

（1）下列关于自定义组件的说法中正确的是（　　）。

```
Vue.component('mycomponent', {
  template: '<h1>自定义组件!</h1>'
})
```

A. mycomponent 是组件名
B. 使用<mycomponent></mycomponent>调用组件
C. template 中不可以有多个标签
D. template 中只能有一个根节点

（2）在 Vue 中，父组件向子组件传递数据时需要使用的特性是（　　）。

A. emit　　B. $emit　　C. props　　D. $props

（3）在 Vue 中，可以通过（　　）特性来绑定动态组件。

A. show　　B. if　　C. is　　D. bind

（4）在 Vue 中，实现非父子组件通信的一种解决方案是（　　）。

A. event　　B. emit　　C. Bus　　D. eventBus

（5）Vue 中如果希望组件能够被在它们第一次被创建的时候缓存下来，我们可以用一个（　　）元素将其动态组件包裹起来。

A. <keep_alive> B. <keep-alive>C. <keep-live>　　D. <keep_live>

（6）下列全局注册组件正确的是（　　）。

A. Vue.methods('component-a', { /* ... */ })
B. Vue.props('component-a', { /* ... */ })
C. Vue.components('component-a', { /* ... */ })
D. Vue.component('component-a', { /* ... */ })

（7）如果想注册局部指令，组件中接受的选项是（　　）。

A. directives　　B. directive　　C. component　　D. components

（8）下列关于 vue 的组件说法不正确的是（　　）。

A. 不一定要写 style
B. template 视图里面可以写多个 div 容器
C. 父组件给子组件传值需要定义 props 属性
D. 子组件与父组件通信需定义$emit 属性

2. 编程题

编写一个购物车组件，实现图 4-29 所示的页面效果。

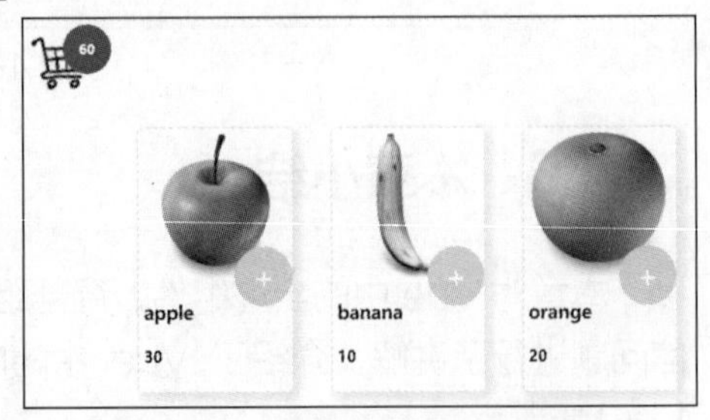

图 4-29　购物车组件的页面效果

第 5 章 Vue.js过滤器和自定义指令

内容导学

Vue.js 过滤器本质上就是一个函数，其作用是在用户输入数据后，对数据进行处理，并返回一个处理结果。本章将会带领读者学习过滤器的注册及使用方法。

第 3 章中已经讲解了 Vue 的内置指令，除了默认设置的核心指令以外，Vue 也允许用户注册自定义指令。

学习目标

1. 了解 Vue.js 过滤器的应用场景。
2. 掌握过滤器的使用方法。
3. 了解自定义指令的使用场景。
4. 掌握自定义指令的使用方法。
5. 熟悉 Vue 提供的自定义指令的钩子函数。

5.1 过滤器的注册和使用

Vue.js 提供了过滤器 API，可以对数据进行过滤处理，并根据过滤的条件返回需要的结果。过滤器通常出现在 JavaScript 表达式的尾部，由管道符“|”进行标识，代码如下。

```
<!-- 在双大括号中 -->
{{ message | capitalize }}
<!-- 在 `v-bind` 中 -->
<div v-bind:id="rawId | formatId"></div>
```

从此例中可以看出，过滤器适用于两种情况：双大括号插值和 v-bind 表达式（后者从 Vue 2.1.0+开始支持）。

在创建 Vue 实例之前，我们可用全局方法 Vue.filter()注册一个自定义的全局过滤器。该过滤器接收两个参数，即过滤器 ID 和过滤器函数，代码如下。

```
Vue.filter('reverse', function (value) {
    return value.split('').reverse().join('')
})
```

下面演示注册一个全局过滤器的过程，其作用是使价格保留两位小数并在价格前面加上美元符号。使用过滤器的效果如图 5-1 所示。

5.35353 $5.35

图 5-1 使用过滤器的效果

```
<div id="app">
    <input type="text" name="" id="" value="" v-model.number="val"/>
    {{val|currencyDisplay}}
</div>
```

```
<script src="../js/vue.js" type="text/javascript" charset="utf-8"></script>
<script type="text/javascript">
        Vue.filter('currencyDisplay', function(val) {
        return '$'+val.toFixed(2)
        },);
        new Vue({
                el:'#app',
                data:{
                        val:5.35353
                }
        })
</script>
```

也可以在一个组件的选项中定义本地的过滤器，其语法规则如下。

```
filters: {
   'reverse': function (value) {
        value.split('').reverse().join('')
   }
}
```

下面的代码展示了本地过滤器是如何创建的。这个本地过滤器的功能是将输入的小写字母变成大写字母。使用本地过滤器的效果如图 5-2 所示。

图 5-2　使用本地过滤器的效果

```
<script type="text/javascript">
                var app = new Vue({
                        el: '#app',
                        data() {
                                return {
                                        name: 'zhonghui'
                                }
                        },
                        // 声明一个本地过滤器
                        filters: {
                                Upper: function(value) {
                                        return value.toUpperCase()
                                },
                        }
                })
        </script>
```

提 示　　**本地过滤器存储在 Vue 组件中，通过 filters 属性中的函数调用。此时，可以注册任意一个过滤器。当全局过滤器和局部过滤器重名时，会采用局部过滤器。**

此外，过滤器还可以串联，即通过一系列过滤器转换成一个值，其语法规则如下。

```
{{ message | filterA | filterB }}
```

在此例中，filterA 被定义为接收单个参数的过滤器函数，表达式 message 的值将作为参数传递到函数中。继续调用同样被定义为接收单个参数的过滤器函数 filterB，便可将 filterA 的结果传递到 filterB 中。

在上述实例中，可以使用一个单独的过滤器来实现保留两位小数并添加美元符号的功能，也可以使用串联过滤器来实现，代码如下。

```
<div id="app">
    <h1> {{price | toFixed(2) | toUSD}}</h1>
</div>
<script src="../js/vue.js" type="text/javascript" charset="utf-8"></script>
<script type="text/javascript">
    Vue.filter('toFixed', function(price, limit) {
        return price.toFixed(limit)
    })
    Vue.filter('toUSD', function(price) {
        return `$${price}`
    })
    var app = new Vue({
        el: '#app',
        data() {
            return {
                price: 5.35353
            }
        }
    })
</script>
```

过滤器是 JavaScript 函数，因此可以接收参数，其语法规则如下。

```
{{message|filterA('arg1',arg2)}}
```

filterA 被定义为接收 3 个参数的过滤器函数。其中，message 的值作为第一个参数，普通字符串'arg1'作为第二个参数，表达式 arg2 的值作为第三个参数。

下面的实例是创建一个名为 readMore 的过滤器，它可以把字符串的长度限制为给定的字符数，并将其附加到选择的后缀中。Vue 将被过滤的值作为第一个参数的文本和长度，将后缀作为第二个和第三个参数，代码如下。

```
<div id="app">
        <ul>
            <li v-for="article in articles">
                <h2> {{article.title}}    </h2>
                <div class="summary"> {{article.summary|readMore(100, '...')}} </div>
                <div class="more"><span>阅读更多</span></div>
            </li>
        </ul>
    </div>
    <script src="../js/vue.js" type="text/javascript" charset="utf-8"></script>
    <script type="text/javascript">
        Vue.filter('readMore', function(text, length, suffix) {
            return text.substring(0, length) + suffix
        })
        let app = new Vue({
            el: '#app',
```

```
            data() {
                return {
                    articles: [{
                        title: 'Vue.js 过滤器',
                        summary: '过滤器本质上就是一个函数，其作用是在用户输入数据后，
对数据进行处理，并返回一个处理结果。Vue.js 提供了过滤器 API，可以对数据进行过滤处理，并根据过滤的条
件最终返回需要的结果。本章将会带领读者学习过滤器的注册及使用方法。'
                    }]
                }
            }
        })
    </script>
```

readMore 过滤器实例效果如图 5-3 所示。

图 5-3　readMore 过滤器实例效果

提 示　**过滤器不会改变原始数据，而会改变数据在页面中的显示形式，优化用户体验。**

5.2 动态参数

如果过滤器参数没有用引号括起来，则表示它会在当前 Vue 实例的作用域中进行动态计算。下面的实例展示了动态参数过滤器的使用，其效果如图 5-4 所示。

图 5-4　动态参数过滤器的效果

```
<div id="app">
    <input type="text" v-model="price">
    <p>{{date|dynamic(price)}}</p>
</div>
<script type="text/javascript">
    Vue.filter('dynamic',
        function (date, price) {
            return date.toLocaleDateString() + " : " + price;
        });
    var vm = new Vue({
        el: '#app',
        data: {
            date: new Date(),
            price: 150
        }
    })
</script>
```

5.3 自定义指令的注册和使用

自定义指令是用来操作 DOM 的。尽管 Vue 推崇数据驱动视图的理念，但是并非所有情况都适合使用数据驱动理念。自定义指令就是一种有效的补充和扩展，其不仅可用于定义任意 DOM 操作，还可以复用。自定义指令的注册方式和过滤器及组件的注册方式一样可分为两种：全局指令和局部指令。

5.3.1 自定义全局指令

自定义全局指令使用了 Vue.directive（指令 ID，定义对象）。其中，指令 ID 是指令的名称。注意，在定义的时候，指令名称前面不需要加 v-前缀，在调用的时候，必须在指令名称前面加上 v-前缀；定义对象是一个对象，这个对象上有一些指令相关的钩子函数，这些函数可以在特定的阶段执行相关操作。钩子函数的种类将在 5.4 节中详细介绍。

下面来定义一个把文字颜色变为红色的自定义指令（v-red），代码如下。

```
Vue.directive('red',{
    inserted（el,binding){
        this.el.style.color = "red"
    }
})
```

上述指令定义完成后，需要通过“<div v-red>你好</div>”来调用，“你好”文字颜色便会变成红色。上述实例只能固定地将文字的颜色设置为红色，如果想设置动态的颜色，或者根据后台返回的颜色值动态地设置颜色，可以在自定义指令中传值，代码如下。

```
Vue.directive('color',function(color){
            this.el.style.background=color;
        });

        window.onload=function(){
            var vm=new Vue({
                el:'#box',
                data:{
                    a:'blue'
                }
            });
        };
```

上述指令定义完成后需要通过“<div v-color="a">你好</div>”来调用，文字“你好”的背景颜色是由 Vue 实例中返回的颜色值来决定的。

自定义全局指令可以在任何实例或组件中使用。

5.3.2 自定义局部指令

在实例中使用 directives 选项也可注册自定义局部指令，这样指令就只能在这个实例中使用。局部指令的使用和组件的使用类似，都使用了 directives 对象，代码如下。

```
directives: {
  color: {
```

```
      // 指令的定义
      inserted: function (el，binding) {
        el.style.color=binding.value
      }
    }
  }
```

上述局部指令定义完成后，通过“<div v-color="'red'">你好</div>”来调用。局部指令在其他组件中不能使用，若想使用此指令，则需要将其定义为全局组件。

下面是使用自定义局部指令实现页面加载时，input 元素自动获取焦点的代码，代码如下。

```
<div id="app">
<p>页面载入时，input 元素自动获取焦点：</p>
<input v-focus>
</div>
<script>
new Vue({
  el: '#app',
  directives: {
    // 注册一个局部的自定义指令 v-focus
    focus: {
      // 指令的定义
      inserted: function (el) {
          // 聚焦元素
          el.focus()
      }
    }
  }
})
</script>
```

使用局部指令 v-focus 的页面渲染效果如图 5-5 所示。

图 5-5　使用局部指令 v-focus 的页面渲染效果

提 示　　**项目开发中比较常用的是全局注册的方式，因为既然已经使用了自定义指令，指令就应该是通用的、可复用的，提供给整个项目使用的指令才更有价值，而不只限于某个组件内部。**

5.4 钩子函数

Vue 提供了自定义指令的几个钩子函数，具体如下。

（1）bind：只调用一次，指令第一次绑定到元素时调用。在此可以进行一次性的初始化设置。

（2）inserted：被绑定元素插入父节点时调用（仅保证父节点存在，但不一定已被插入文档）。

（3）update：所在组件的 VNode 更新时调用，但是可能发生在其子 VNode 更新之前。指令的值可能发生了改变，也可能没有发生改变，而开发者可以通过比较更新前后的值来忽略不必要的模板更新。

（4）componentUpdated：指令所在组件的 VNode 及其子 VNode 全部更新后调用。

（5）unbind：只在指令与元素解绑时调用一次。

除 update 与 componentUpdated 钩子函数之外，每个钩子函数都含有 el、binding、vnode 这 3 个参数。参数 el 就是指令绑定的 DOM 元素，而 binding 是一个对象，它包含 name、value、oldValue、expression、arg、modifiers 等属性。除了 el 之外，binding、vnode 属性都是只读的。下面通过随机改变文本颜色的自定义指令来解释 bind，代码如下。

```
Vue.directive('rainbow',{
    bind(el,binding,vnode){
        el.style.color="#"+Math.random().toString(16).slice(2,8);
    }
})
```

在每个钩子函数中，第一个参数永远是 el，表示被绑定了指令的那个元素，el 参数是一个原生的 JavaScript 对象。各参数的详细解释如下。

（1）el：指令所绑定的元素，可以用来直接操作 DOM。

（2）binding：一个对象，包含以下属性。

name：指令名，不包括 v-前缀。

value：指令的绑定值。例如，在 v-my-directive="1+1"中，绑定值为 2。

oldValue：指令绑定的前一个值，仅在 update 和 componentUpdated 钩子函数中可用。无论其值是否改变都可用。

expression：字符串形式的指令表达式。例如，在 v-my-directive="1+1"中，表达式为"1+1"。

arg：传递给指令的参数，可选。例如，在 v-my-directive:foo 中，参数为"foo"。

modifiers：一个包含修饰符的对象。例如，在 v-my-directive.foo.bar 中，修饰符对象为{foo:true,bar:true}。

（3）vnode：Vue 编译生成的虚拟节点。可以参照 VNode API 来了解更多。

（4）oldVnode：上一个虚拟节点，仅在 update 和 componentUpdated 钩子函数中可用。

以下实例演示了这些参数的使用，代码如下。

```
<div id="app"   v-parameter:hello.a.b="message">
</div>
<script>
Vue.directive('parameter', {
  bind: function (el, binding, vnode) {
    var s = JSON.stringify
    el.innerHTML =
      'name: ' + s(binding.name) + '<br>' +
      'value: ' + s(binding.value) + '<br>' +
      'expression: ' + s(binding.expression) + '<br>' +
      'argument: ' + s(binding.arg) + '<br>' +
      'modifiers: ' + s(binding.modifiers) + '<br>' +
```

```
            'vnode keys: ' + Object.keys(vnode).join(', ')
        }
    })
    new Vue({
        el: '#app',
        data: {
            message: '前端学习!'
        }
    })
    </script>
```

代码运行结果如下。

```
name: "parameter"
value: "前端学习!"
expression: "message"
argument: "hello"
modifiers: {"a":true,"b":true}
vnode keys: tag, data, children, text, elm, ns, context, functionalContext, key, componentOptions,
componentInstance, parent, raw, isStatic, isRootInsert, isComment,
isCloned, isOnce
```

如何区分参数 value 和 expression？来看下面的实例。

```
Vue.directive('color',{
    inserted ( el,binding){
            console.log(binding.express )  //输出 1+1
            console.log(binding.value )     //输出 2
    }
})
```

有时候不需要其他钩子函数，此时可以简写函数，其语法格式如下。

```
Vue.directive('bgcolor', function (el, binding) {
    el.style.backgroundColor = binding.value.color
})
```

下面的实例使用自定义指令实现了将页面部分元素“钉住/取消钉住”的功能：单击按钮之前如图 5-6 所示；当单击第一个元素的“钉住”按钮时，当前元素会被钉在页面的右下角，同时背景色变为红色，如图 5-7 所示，单击“取消”按钮后可以恢复原状；单击第二个“钉住”按钮时，当前元素会被钉在页面的左下角，同时背景色变为红色，如图 5-8 所示，单击“取消”按钮后可以恢复原状。实例代码可参考本书提供的配套代码。

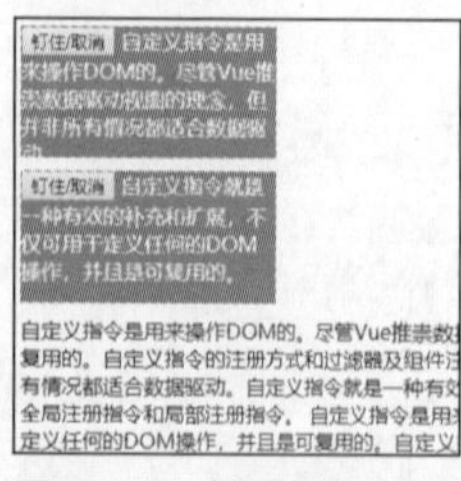

图 5-6　单击按钮之前

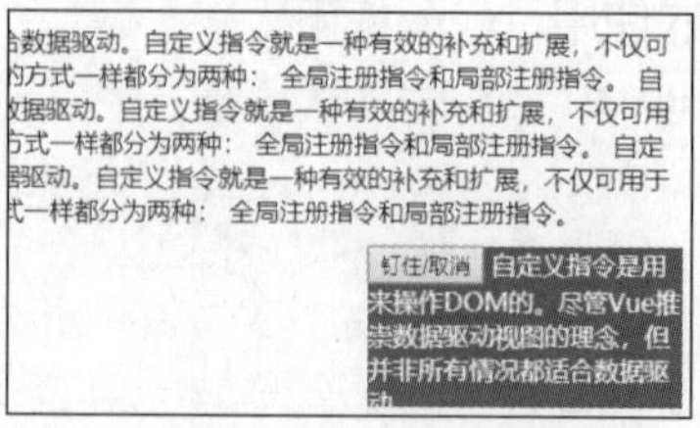

图 5-7　钉在右下角

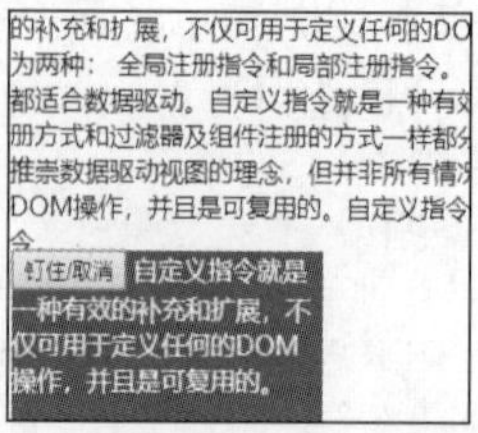

图 5-8　钉在左下角

5.5 对象字面量

如果指令需要多个值，则可以传入一个 JavaScript 对象字面量。注意，指令可以使用任意合法的 JavaScript 表达式。以下实例传入 JavaScript 对象，代码如下。

```
<div id="app">
<div v-demo="{ color: 'green', text: '前端学习!' }"></div>
</div>
<script>
Vue.directive('demo', function (el, binding) {
    // 以简写方式设置文本及背景颜色
    el.innerHTML = binding.value.text
    el.style.backgroundColor = binding.value.color
})
new Vue({
  el: '#app'
})
</script>
```

5.6 案例——过滤器变换输出形式

1. 案例描述

在项目开发中，有这样的使用场景：页面获取数据后，需要使用过滤器来改变数据输出形式，如订单状态、性别等。本案例要求根据订单数据状态码显示订单状态。

2. 案例设计

（1）使用 v-for 指令遍历显示商品名称和商品状态码。

（2）注册过滤器“status”。

（3）在显示状态码的位置使用过滤器，使状态码转换成状态信息显示出来。

3. 案例代码

```
<!DOCTYPE html>
<html>
<head>
<meta charset="UTF-8">
<title></title>
<script src="https://cdn.jsdelivr.net/npm/vue/dist/vue.js"></script>
</head>
<body>
   <div id="out">
     <h1>过滤器-变换输出形式</h1>
     <ul>
        <li v-for="(item,i) in arr">{{i}}--{{item.name}}-{{item.status | status}}</li>
     </ul>
   </div>
</body>
<script type="text/javascript">
   Vue.filter('status',function(item){
      if(item==0){
        return '待支付'
      }else{
        return '订单完成'
      }
   })
   var vm=new Vue({
```

```
        el:"#out",
        data:{
            arr:[{name:'衣服',status:0},{name:'帽子',status:1},{name:'AJ 鞋子',status:0}]
        }
    })
</script>
          </html>
```

4. 案例解析

在上述代码中，先使用 v-for 指令遍历显示了订单的商品名称和商品状态码（0 或 1），再使用 Vue.filter()注册了一个过滤器。在过滤器中，若判断商品状态码为 0，则显示待支付；若商品状态码为 1，则显示订单完成。最后，在显示商品状态码的位置“{{item.status|status}}”使用过滤器将商品状态码转换成状态信息并显示出来。

5. 案例运行

案例运行效果如图 5-9 所示。

过滤器-变换输出形式

- 0--衣服-待支付
- 1--帽子-订单完成
- 2--AJ鞋子-待支付

图 5-9　案例运行效果

5.7 本章小结

本章先介绍了过滤器的注册方法，再介绍了双向过滤器，又介绍了向过滤器传入动态参数的方法，最后给出了一个实用案例，演示过滤器的具体使用过程。

5.8 本章习题

1. 填空题

（1）注册一个全局的自定义过滤器要使用________方法。

（2）全局过滤器注册要接收的两个参数是________和________。

（3）过滤器通常出现在________的尾部，由________进行标识。

2. 判断题

（1）全局过滤器和局部过滤器重名时，会采用全局过滤器。（　　）

（2）使用过滤器不能改变真正的 data，只能改变渲染的结果，并返回过滤后的版本。（　　）

（3）Vue 中的过滤器不能替代 Vue 中的 methods、computed 或 watch。（　　）

3. 选择题

（1）如果想注册局部指令，则组件中接收的选项是（　　）。

A. directives　　B. directive　　C. component　　D. components

（2）一个指令定义对象可以提供的钩子函数是（　　）。

A. bind　　B. inserted　　C. delete　　D. update

4. 编程题

（1）编写一个过滤器，将小写的英文标题变成大写的英文标题。

（2）编写一个过滤器，控制内容简介的长度为 100，多余部分使用省略号代替。

（3）使用 Vue 自定义指令快速地钉住某个元素。

第 6 章
Vue.js过渡和动画

内容导学

Vue.js 过渡可以使页面元素在出现和消失时实现多种过渡效果。Vue 在插入、更新或者移除 DOM 时，提供了多种方式的应用过渡效果。Vue 提供了内置的过渡封装组件，该组件用于包裹要实现过渡效果的元素或组件。简而言之，开发者可以使用 Vue 的<transition>组件，结合 CSS 的动画（Animation）、过渡（Transition）或 JavaScript 操作 DOM 来使元素或组件动起来。

学习目标

① 熟悉 CSS 过渡。
② 熟悉 JavaScript 过渡。
③ 掌握过渡系统在 Vue 2.0 中的变化。

6.1 CSS 过渡

过渡是指在切换展示的时候加入一些动画效果，如淡入淡出（透明度的渐隐）、飞入等。读者可以通过以下实例来理解 Vue 的 CSS 过渡是如何实现的。

CSS 过渡的基本语法格式如下。

```
<transition name = "nameoftransition">
<div></div>
</transition>
```

过渡效果通过<transition></transition>标签将要做动画的元素包裹起来，并根据 name 来进行展示。下面通过一个切换按钮的操作来实现内容淡入淡出的切换效果，代码如下。

```
<style>
.fade-enter, .fade-leave-to {
  opacity: 0
}
.fade-enter-active, .fade-leave-active {
  transition: opacity .5s
}
</style>
<div id="demo">
<button v-on:click="show = !show">
切换按钮
</button>
<transition name="fade">
```

```
    <p v-if="show">hello</p>
    </transition>
    </div>
    <script>
    new Vue({
      el: '#demo',
      data: {
        show: true
      }
    })
    </script>
```

在上述实例中，使用 transition 元素把需要被动画控制的元素包裹起来，name="fade"中的“fade”是自定义的名称，会被当作类的前缀以对应样式表中的 class。对 class 定义的解释如下。

（1）.fade-enter{}：进入过渡的开始状态，元素被插入时生效，应用一帧后立即删除，代表运动的初始状态。

（2）.fade-enter-active{}：进入过渡的结束状态，元素被插入时生效，在 transition/animation 完成之后移除。这个类可以被用来定义过渡的过程时间、延迟和曲线函数。

（3）.fade-leave-to{}：离开过渡的开始状态，元素被删除时触发，只应用一帧后立即删除。

（4）.fade-leave-active{}：离开过渡的结束状态，元素被删除时生效，在 transition/animation 完成之后移除。这个类可以被用来定义过渡的过程时间、延迟和曲线函数。

CSS 过渡就是通过这 4 个类名实现的，过渡实现过程如图 6-1 所示。

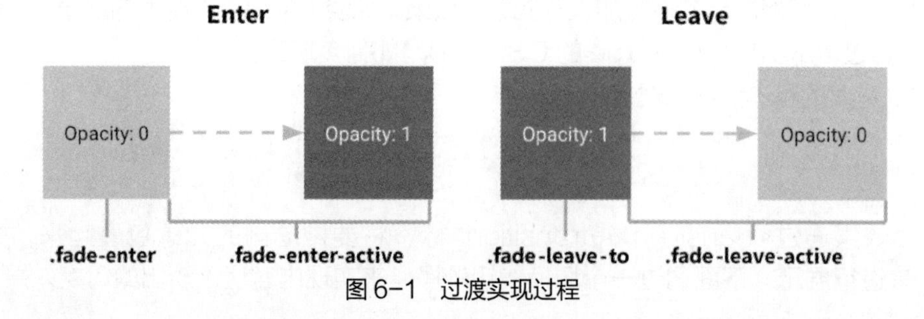

图 6-1　过渡实现过程

下面通过一个单击按钮后图片淡出、变小的实例，来进一步学习过渡效果，代码如下。

```
<style>
        img{
            width:300px;
            height:300px;
        }
        .fade-enter-active, .fade-leave-active{
            transition: 1s all ease;
        }
        .fade-enter-active{
            opacity:1;
            width:300px;
            height:300px;
```

```
        }
        .fade-leave-active{
            opacity:0;
            width:100px;
            height:100px;
        }

        .fade-enter{
            opacity:0;
            width:100px;
            height:100px;
        }
</style>
<div id = "databinding">
<button v-on:click = "show = !show">单击缩小消失放大显示</button><br/>
<transition name = "fade">
<img src="Vue/img/22.jpg"   v-show = "show"/>
</transition>
</div>
<script>
var vm = new Vue({
el: '#databinding',
    data: {
        show:true,
    },
});
</script>
```

单击按钮前的初始效果如图 6-2 所示，单击按钮后图片淡出、变小的效果如图 6-3 所示。

图 6-2　单击按钮前的初始效果

图 6-3　单击按钮后图片淡出、变小的效果

在上述实例中，通过单击“单击缩小消失放大显示”按钮将变量 show 的值从 true 变为 false。如果 show 的值为 true，则显示子元素 img 标签的内容。

从样式的设定上看，进入的开始状态和离开的结束状态的透明度设置为 0，图片的宽度和高度都为 100 像素；过渡的最终状态的透明度设置为 1，图片的宽度和高度都为 300 像素，时间为 1s。

除了 v-show 和 v-if 可以接受过渡外，动态组件也可以接受过渡。v-if 和 v-show 的用法一致，这里不再详细说明。下面来看动态组件的过渡，代码如下。

```
<style>
.fade-enter, .fade-leave-to {
  opacity: 0
}
.fade-enter-active, .fade-leave-active {
  transition: opacity .5s
}
</style>
<div id="app">
<button @click = " toggleCom">切换</button>
<transition name="fade">
<keep-alive>
<div :is = "currentView"></div>
</keep-alive>
</transition>
</div>
<script>
Vue.component( 'Aa',{
      template: '<h3> AAAAAA </h3>'
  })
  Vue.component( 'Bb',{
    template: '<h3> BBBBBB </h3>'
  })
  new Vue({
      el: '#app',
      data: {
        currentView: 'Aa'
      },
      methods:{
      toggleCom(){
              if(this.currentView==='Aa'){
                  this.currentView='Bb'
              }else{
                  this.currentView='Aa'
              }
      }
      }
  })
</script>
```

提 示

keep-alive 的作用是缓存反复切换的组件，提高加载速度。在动态组件上使用 keep-alive 后，在这些组件之间切换的时候，需要保持这些组件的状态，以避免反复重新渲染导致出现性能问题。为了解决这个问题，开发者可以用一个<keep-alive>元素将其动态组件包裹起来。keep-alive 组件可以进行组件的内容缓存，将组件的内容保存到浏览器缓存中，这样可以大大节省切换的时间，keep-alive 和 component 动态组件通常搭配使用。

Vue 在元素显示与隐藏的过渡中，提供了 6 个 class 进行切换。

（1）v-enter：定义进入过渡的开始状态，在元素被插入之前生效，在元素被插入之后的下一帧被移除。

（2）v-enter-active：定义进入过渡生效时的状态，在整个进入过渡的阶段中应用，在元素被插入之前生效，在过渡/动画完成之后被移除。这个类可以被用来定义进入过渡的过程时间、延迟和曲线函数。

（3）v-enter-to：2.1.8 及以上版本中定义进入过渡的结束状态，在元素被插入之后的下一帧生效（与此同时，v-enter 被移除），在过渡/动画完成之后被移除。

（4）v-leave：定义离开过渡的开始状态，在离开过渡被触发时立刻生效，下一帧被移除。

（5）v-leave-active：定义离开过渡生效时的状态，在整个离开过渡的阶段中应用，在离开过渡被触发时立刻生效，在过渡/动画完成之后被移除。这个类可以被用来定义离开过渡的过程时间、延迟和曲线函数。

（6）v-leave-to：2.1.8 及以上版本中定义离开过渡的结束状态，在离开过渡被触发之后的下一帧生效（与此同时，v-leave 被删除），在过渡/动画完成之后被移除。

提示　**对于这些在过渡中切换的类名来说，如果使用一个没有名称的<transition>，则 v-是这些类名的默认前缀。如果使用了<transitionname="my-transition">，那么 v-enter 会被替换为 my- transition-enter。例如，上例中的类名为.fade-enter-active 和.fade- leave-active。**

6.2 CSS 动画

常用的过渡都是 CSS 过渡。CSS 动画的用法与 CSS 过渡的用法相同，其区别是，在 CSS 动画中，v-enter 类名在节点插入 DOM 后不会立即删除，而是在 animationend 事件触发时删除。

可以通过以下实例来理解 Vue 的 CSS 动画是如何实现的，代码如下。

```
<style type="text/css">
        #app{
            width: 80%;
            border: solid 1px gray;
            margin: 0 auto;
            padding: 20px;
        }
       @keyframes bounce-in {
           0% {
               transform: scale(0);
           }
           50% {
               transform: scale(1.5);
           }
           100% {
```

```
                transform: scale(1);
            }
        }
        .fade-enter-active {
            transform-origin: left center;
            animation: bounce-in 1s;
        }
        .fade-leave-active {
            transform-origin: left center;
            animation: bounce-in 1s reverse;
        }
</style>
<div id="app">
        <button @click="handleClick">切换</button>
<transition name="fade">
<div v-show="show">Vue (读音 /vjuː/, 类似于 view) 是一套用于构建用户界面的渐进式框架。与其他大型框架不同的是，Vue 被设计为可以自底向上逐层应用。Vue 的核心库只关注视图层，不仅易于上手，还便于与第三方库或既有项目整合。此外，当与现代化的工具链以及各种支持类库结合使用时，Vue 也完全能够为复杂的单页应用提供驱动。</div>
</transition>
</div>
<script type="text/javascript">
        var vm = new Vue({
            el: "#app",
            data: {
                show: true
            },
            methods: {
                handleClick: function() {
                    this.show = !this.show
                }
            }
        });
</script>
```

动画效果为单击“切换”按钮后，内容被隐藏，再次单击“切换”按钮后内容被显示出来。其显示状态和隐藏状态如图 6-4 和图 6-5 所示。

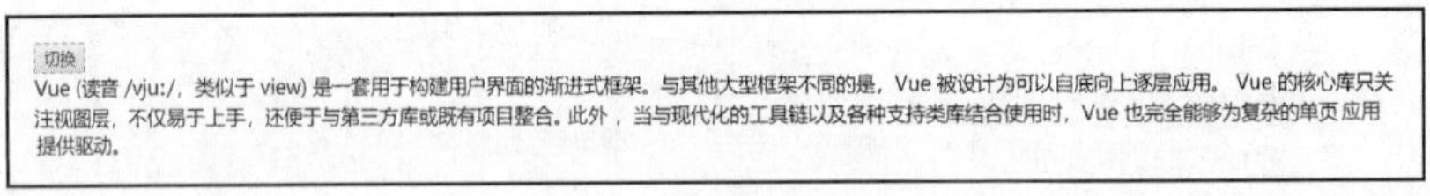

切换
Vue (读音 /vju:/，类似于 view) 是一套用于构建用户界面的渐进式框架。与其他大型框架不同的是，Vue 被设计为可以自底向上逐层应用。Vue 的核心库只关注视图层，不仅易于上手，还便于与第三方库或既有项目整合。此外，当与现代化的工具链以及各种支持类库结合使用时，Vue 也完全能够为复杂的单页应用提供驱动。

图 6-4　显示状态

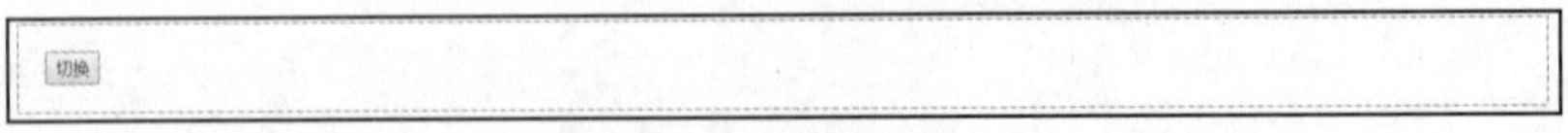

切换

图 6-5　隐藏状态

6.3 JavaScript 过渡

JavaScript 过渡是指使用 JavaScript 钩子函数实现的过渡效果，这些钩子函数可以结合 CSS 的 transitions/animations 使用，也可以单独使用。当只使用 JavaScript 过渡的时候，在 enter 和 leave 中，回调函数 done 是必需的；否则，它们会被同步调用，过渡会立即完成，代码如下。

```
<style>
        p{
            width:300px;
            height:300px;
            background: red;
        }
        .fade-enter-active, .fade-leave-active{
            transition: 1s all ease;
        }
        .fade-enter-active{
            opacity:1;
            width:300px;
            height:300px;
        }
        .fade-leave-active{
            opacity:0;
            width:100px;
            height:100px;
        }

        .fade-enter,.fade-leave{
            opacity:0;
            width:100px;
            height:100px;
        }
</style>
<div id="box">
<input type="button" value="单击显示隐藏" @click="show=!show">

<transition name="fade"
            @before-enter="beforeEnter"
            @enter="enter"
            @after-enter="afterEnter"

            @before-leave="beforeLeave"
            @leave="leave"
            @after-leave="afterLeave"
>
<p v-show="show"></p>
</transition>
</div>
<script src="Vue/js/Vue.js"></script>
<script>
        window.onload=function(){
            new Vue({
                el:'#box',
```

```
                data:{
                    show:false
                },
                methods:{
                    beforeEnter(el){
                        console.log('动画 enter 之前');
                    },
                    enter(el){
                        console.log('动画 enter 进入');
                    },
                    afterEnter(el){
                        console.log('动画进入之后');
                    },
                    beforeLeave(){
                        console.log('动画 leave 之前');
                    },
                    leave(){
                        console.log('动画 leave');
                    },
                    afterLeave(){
                        console.log('动画 leave 之后');
                    }
                }
            });
        };
</script>
```

6.4 自定义过渡类名

以下特性可用来自定义过渡类名。

① enter-class。

② enter-active-class。

③ enter-to-class(2.1.8+)。

④ leave-class。

⑤ leave-active-class。

⑥ leave-to-class(2.1.8+)。

它们的优先级高于普通的类名，这对于 Vue 的过渡系统和其他第三方 CSS 动画库的使用十分有用。下面的实例展示了如何使用 Animate.css 制作效果多样的动画。Animate.css 可以提前下载或在线使用 CDN 引用 Animate.css，实例代码如下。

```
<style>
    #box{
        width:400px;
        margin: 0 auto;
    }
    #div1{
        width:100px;
        height:100px;
```

```
			background: red;
		}
	</style>
	<div id="box">
		<input type="button" value="按钮" @click="toggle">
		<transition  name="fade"  enter-active-class="animated  rubberBand"  leave-active-class=
"animated hinge">
	<div  id="div1"  class="animated"  v-show="bSign"  enter-active-class="zoomInLeft"  leave-active-
class="animated hinge"></div>
	</transition>

	</div>

	<script>
		new Vue({
			el:'#box',
			data:{
				bSign:true
			},
			methods:{
				toggle(){
					this.bSign=!this.bSign;
				}
			},

		});
	</script>
```

动画初始状态如图 6-6 所示，某帧的动画效果如图 6-7 所示。

图 6-6　动画初始状态

图 6-7　某帧的动画效果

如上述实例所示，这里通过添加不同的类，实现了不同的动画效果。下面介绍一下相关的类，主要的动画类有 Attention（晃动效果）、bounce（弹性缓冲效果）、fade（透明度变化效果）、flip（翻转效果）、rotate（旋转效果）、slide（滑动效果）、zoom（变焦效果）、special（特殊效果）

也可以通过 Animate.css 网站查看动画效果，以选择不同的动画类型。Animate.ss 官方首页如图 6-8 所示。

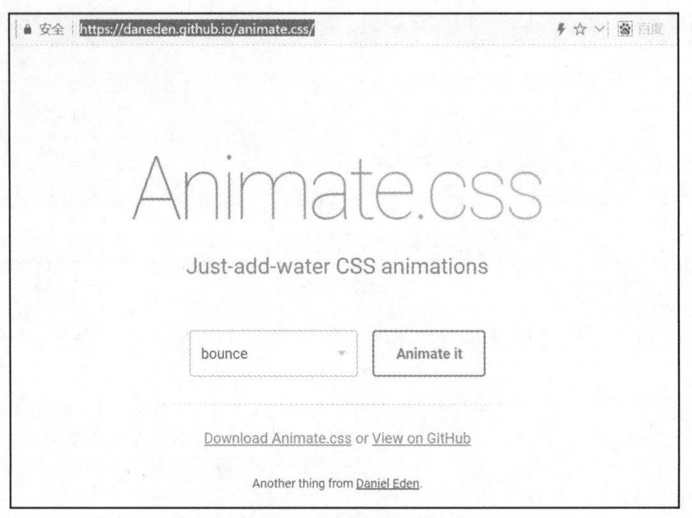

图 6-8　Animate.css 首页

6.5 案例——新增列表项的动画效果

1. 案例描述

当用户添加学生信息时，新增加的列表项会从底部进入当前列表并成为其最后一项；当用户选择任意一个列表项时，会删除一条数据，其动画效果为自上而下淡出。

2. 案例设计

（1）自定义 CSS 样式和 CSS 过渡。

（2）使用 v-for 指令遍历数据。

（3）使用 push 方法添加数据，使用 splice 方法删除数据。

3. 案例代码

```
<style>
    li{
        border: 1px dashed #999;
        margin: 5px;
        line-height: 35px;
        padding-left: 5px;
        font-size: 12px;
        width: 100%;
    }
    li:hover{
        background-color: cornflowerblue;
        transition: all 1s ease;
    }
    .v-enter,
    .v-leave-to{
        opacity: 0;
        transform: translateY(80px);
    }
    .v-enter-active,
```

```
        .v-leave-active{
            transition: all 0.5s ease;
        }
        .v-move{
            transition: all 0.5s ease;
        }
       .v-leave-active{
            position: absolute;
        }
    </style>
    <body>
        <div id="app">
        <div>
          <label>学号:<input type="text" v-model="id"></label>
          <label>姓名:<input type="text"   v-model="name"></label>
          <input type="button" value="添加" @click="add">
        </div>
        <ul>
        <transition-group appear>
          <li v-for="(item, i) in list" :key="item.id" @click="del(i)">
                              {{ item.id }}   ---   {{ item.name }}
          </li>
        </transition-group>
        </ul>
      </div>
    </body>
    </html>
    <script>
      var vm = new Vue({
          el:'#app',
          data:{
                id:'',
                name:'',
             list:[
                  {id: 1, name: '张三' },
                  {id: 2, name: '李四' },
                  {id: 3, name: '王五' },
                  {id: 4, name: '赵四' }
             ]
          },
          methods:{
             add(){
                 this.list.push( {id : this.id, name : this.name })
                  this.id   = this.name = ""
             },
             del(i){
                 // 从索引为 i 的位置，删除一条数据
                 this.list.splice(i, 1)
             }
          }
```

```
    })
</script>
```

4. 案例解析

在上述代码中，实现列表过渡的时候，需要过渡的元素是通过 v-for 循环渲染出来的，不能使用 transition 进行包裹，而需要使用 transitionGroup。如果要为 v-for 循环创建的元素设置动画，则必须为每一个元素设置 key 属性。样式中的.v-move 和.v-leave-active 配合使用，能够实现列表后续的元素渐渐地飘上来的动画效果。

5. 案例运行

案例运行效果如图 6-9 所示。

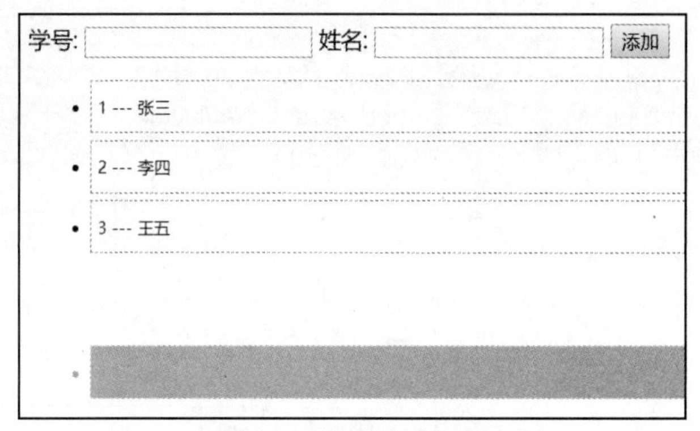

图 6-9　案例运行效果

6.6 本章小结

本章主要讲解了如何在 Vue 中使用 CSS 过渡、CSS 动画、JavaScript 过渡，并讲解了如何自定义过渡类名，最后讲解了一个实现新增列表项的动画效果案例。

6.7 本章习题

1. 选择题

（1）在使用 Vue 过渡的时候，需要使用的标签是（　　）。

A. animation　　B. animate　　C. transform　　D. transition

（2）Vue 提供了 transition 的封装组件，可以为任何元素和组件添加过渡动画，在进入/离开的过渡中，会有（　　）个 class 切换。

A. 5　　B. 6　　C. 7　　D. 8

2. 编程题

自行设计一个 div 盒子的显示隐藏切换动画。

第 2 篇

工程化项目开发

第 7 章 Vue脚手架

07

内容导学

Vue 脚手架（Vue-CLI）是一个基于 Vue.js 进行快速开发的完整系统，是一个专门为 Vue 应用快速搭建繁杂项目结构的脚手架，它可以轻松地创建新的应用程序，且可用于自动生成 Vue 和 Webpack 的项目模板。Vue-CLI 工具大大降低了 Webpack 的使用难度，支持热更新，有 Webpack-dev-server 的支持，相当于启动了一个请求服务器，搭建了一个测试环境，此后只关注开发即可。

学习目标

1. 熟悉快速构建项目的方法。
2. 掌握前端路由的使用。
3. 掌握 HTTP 库——axios 的使用。
4. 熟悉 Webpack 的使用。

7.1 快速构建项目

本节将讲述如何使用 Vue-CLI 快速搭建项目，并介绍如何利用脚手架生成的初始化项目开发 Vue 程序。

7.1.1 Vue 脚手架的安装

安装 Vue-CLI 的前提是已经安装了 NPM。安装 NPM 时，可以直接到其中文官网下载安装包。Node 安装包下载界面如图 7-1 所示。

图 7-1　Node 安装包下载界面

根据操作系统选择需要的安装包进行下载即可，如图 7-2 所示。

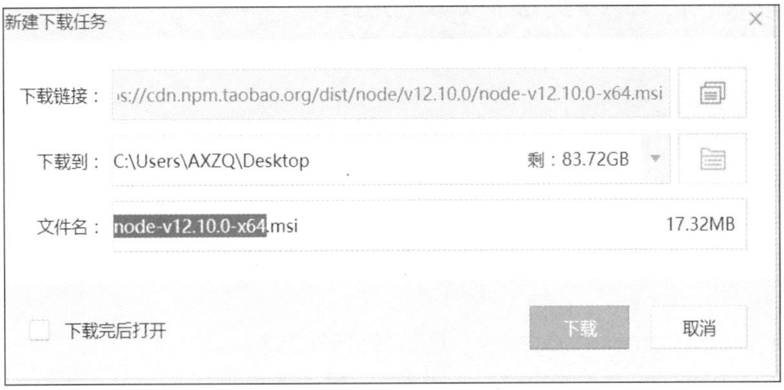

新建下载任务
下载链接：
s://cdn.npm.taobao.org/dist/node/v12.10.0/node-v12.10.0-x64.msi
下载到：
C:\Users\AXZQ\Desktop
剩：83.72GB
文件名：
node-v12.10.0-x64.msi
17.32MB
下载完后打开
下载
取消

图 7-2　选择需要的安装包进行下载

下载成功后，双击安装文件即可进行安装。安装完成后，可在命令行工具中输入“node –v”“npm –v”，如果能显示出版本号，则说明 Node 安装包安装成功，如图 7-3 所示。

安装好 Node 后，可以直接全局安装 Vue-CLI，其指令如图 7-4 所示。

C:\Users\think>node -v
v12.16.1
C:\Users\think>npm -v
6.14.4

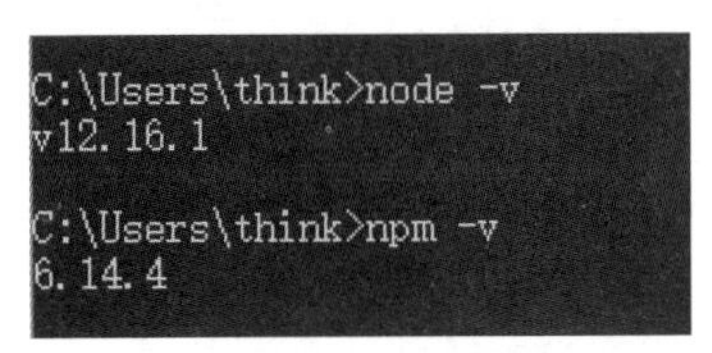

图 7-3　Node 安装包安装成功

npm install -g @vue/cli

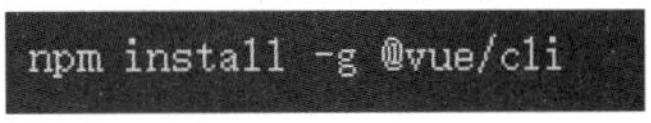

图 7-4　安装 Vue-CLI 的指令

如果安装失败，可以使用 npm cache clean 命令清理缓存，并重新安装。同样，可以通过 npm-v 命令查看安装是否成功。最新的 Vue 项目模板中都带有 Webpack 插件，所以这里可以不安装 Webpack。安装完成后，可以使用 Vue –V（注意，第二个 V 为大写）命令查看安装是否成功，若出现版本号，则说明安装成功，如图 7-5 所示。

C:\Users\think>vue -V
@vue/cli 4.3.1

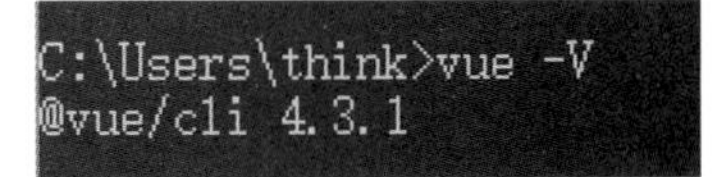

图 7-5　查看安装是否成功

7.1.2　初始化项目

（1）在合适的位置上，可以通过使用“vue create <项目名>”命令来创建新的项目。

（2）输入指令后按 Enter 键，选择项目的创建方式。Default 是默认模式，Manually select features 是手动模式。如果选择默认模式，则脚手架会自动进行项目创建；若选择手动模式，则可以根据用户项目的需求添加相应模块。这里建议选择手动模式（上下键可移动光标位置，空格键表示选择，Enter 键表示确认）。

（3）选择安装特性：这里可以根据用户项目的需求进行选择。

① Bable：支持 ES6 语法。

② TypeScript：支持使用 TypeScript 书写源码。

③ Progressive Web App（PWA）Support：PWA 支持。

④ Router：支持 Vue-router 路由。

⑤ Vuex：支持 Vuex 状态管理。

⑥ CSS Pre-processors：支持 CSS 预处理器。

⑦ Linter/Formatter：支持代码风格检查和格式化。

⑧ Unit Testing：支持单元测试。

⑨ E2E Testing：支持 E2E 测试。

（4）Use class-style component syntax：是否使用 class 风格的组件语法 y。

（5）Use Babel alongside TypeScript：是否使用 babel 做转义 y。

（6）Use history mode for router：路由是否使用 history 模式，可根据实际需求选择。这里选择 y。

（7）Pick a CSS pre-processor：选择预处理模式。

（8）ESLint with error prevention only：选择语法检测规范。

（9）Pick additional lint features：选择保存时检测还是提交时检测。

（10）Pick a unit testing solution：测试方式。

（11）Pick an E2E testing solution：E2E 测试方式。

（12）Where do you prefer placing config for Babel, ESLint, etc：选择配置文件位置。In dedicated config files 表示独立文件，In package.json 表示写入 package.json。这里可选择写入 package.json。

（13）Save this as a preset for future projects：是否保存当前配置，以方便下次创建项目，因为每次项目需求不同，配置也会不一样，所以这里可以选择 n。配置过程如图 7-6 所示。

```
Vue CLI v4.3.1
? Please pick a preset: Manually select features
? Check the features needed for your project: Babel, TS, PWA, Router, Vuex, CSS Pre-processors, Linter, Unit, E2E
? Use class-style component syntax? Yes
? Use Babel alongside TypeScript (required for modern mode, auto-detected polyfills, transpiling JSX)? Yes
? Use history mode for router? (Requires proper server setup for index fallback in production) Yes
? Pick a CSS pre-processor (PostCSS, Autoprefixer and CSS Modules are supported by default): Stylus
? Pick a linter / formatter config: TSLint
? Pick additional lint features: Lint on save
? Pick a unit testing solution: Jest
? Pick an E2E testing solution: Cypress
? Where do you prefer placing config for Babel, ESLint, etc.? In package.json
? Save this as a preset for future projects? No
```

图 7-6　配置过程

（14）全部配置完成后，等待项目创建完成。

项目创建完成以后，进入项目根目录，使用“npm run serve”命令在开发模式下运行程序。运行成功后，会提示程序的运行位置，如图 7-7 所示。

```
App running at:
- Local:   http://localhost:8080/
- Network: http://192.168.3.8:8080/
```

图 7-7　程序的运行位置

在浏览器地址栏中输入 http://localhost:8080，预览项目的运行效果，如图 7-8 所示。

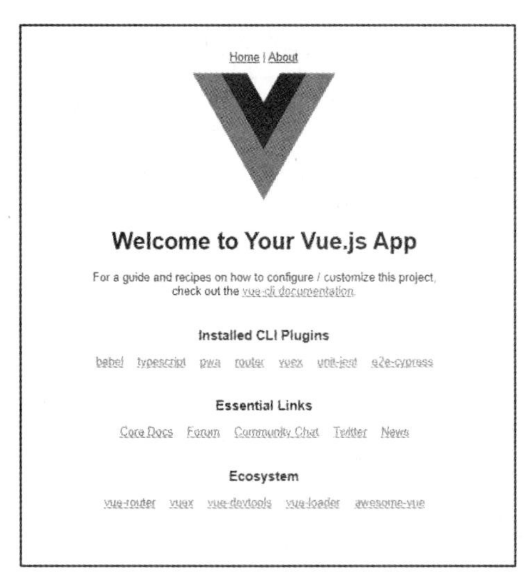

图 7-8 预览项目的运行效果

7.1.3 项目结构

系统自动构建了开发用的服务器环境，但由于版本实时更新和选择安装配置的不同，所以读者看到的有可能和图 7-9 所示的初始化项目目录有所不同。

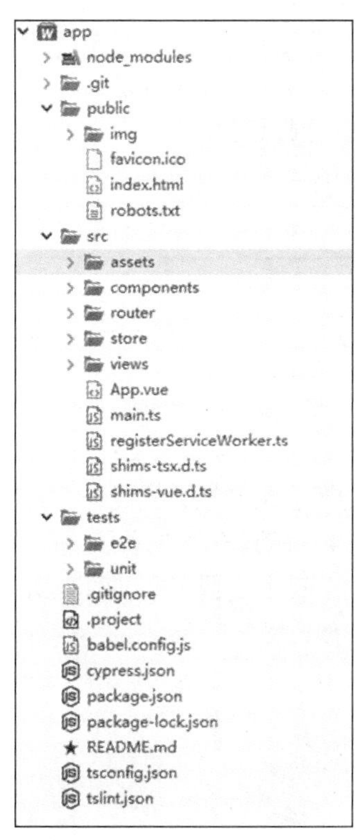

图 7-9 初始化项目目录

表 7-1 列出了脚手架搭建项目的初始文件。

表 7-1　脚手架搭建项目的初始文件

文件名	文件介绍
node_modules	项目依赖的模块
public	本地文件存放的位置
img	图片
index.html	项目入口文件
favicon.ico	图标
src	放置组件和入口文件
assets	主要存放一些静态图片资源的目录（CSS 等也可放于此）
views	放置公共组件（如各个主要页面）
components	（自定义功能组件）存放开发需要的各种组件，各个组件联系在一起组成一个完整的项目
router	存放项目路由文件
App.vue	项目主（根）组件
store	存放 Vuex 的文件
tests	初始测试目录
unit	单元测试
e2e	E2E 测试
package.json	项目及工具的依赖配置文件
package-lock.json	锁定安装时的安装包的版本号（这个文件十分重要，不可丢失）
README.md	项目说明

7.1.4　初识单文件组件

为了更好地适应复杂项目的开发，Vue.js 支持以.vue 为扩展名的文件来定义一个完整组件。这个组件被称为单文件组件，是 Vue.js 自定义的一种文件格式。一个扩展名为.vue 的文件就是一个单独的组件，文件中封装了组件相关的代码，如 HTML、CSS 和 JavaScript，最终通过 Webpack 编译成 JS 文件并在浏览器中运行。扩展名为.vue 的文件由三部分组成：<template>、<style>和<script>。在 src 目录中创建 hello.vue 文件，代码如下。

```
<template>
<h2>{{ msg }}</h2>
</template>
<script>
export default {
data () {
return {
msg:'Hello Vue.js 单文件组件~'
    }
  }
```

```
}
</script>
<style>
h2 {
color: green;
}
</style>
```

要想使用以上文件，需要在 main.js 中使用 ES6 引入模块语法，代码如下。

```
import Vue from 'Vue';
import hello from './hello.vue';
new Vue({
    el: "#app",
    template: '<hello/>',
    components: {
        hello
  }
});
```

7.1.5 单文件组件嵌套

脚手架项目创建后，index.html 是入口地址，可调用 App.vue。在 App.vue 文件中可以调用其他组件，所以 App.vue 被称为根组件。App 根组件的一个常用功能是引入其他组件，即其他页面或功能组件可以嵌套在 App 根组件中。

下面以组件和根组件之间的嵌套为例进行讲解，其他组件之间的嵌套方法与这种情况类似。首先，在/src/components 文件夹中新建一个组件，并将其命名为 Vuejs.vue，代码如下。

```
<template>
<div class="feng">
<h1>Hello world! i am {{ user_name }}</h1>
</div>
</template>
<script>
  export default {
    name: 'Vue.js',
    data() {
        return {
            user_name:"Vue.js"
        }
    }
  }
</script>
```

另外，组件创建之后，要在根组件中使用 import 命令引入该组件，并在 components 属性中局部注册组件，并在“<template></template>”中调用组件。例如，在根组件中嵌套 Vuejs.vue 组件的代码如下。

```
<template>
<div id="app">
<!-- 第三步：调用组件-->
<Vuejs></Vuejs>
```

```
    </div>
</template>
<script>
    import Vuejs from './components/Vuejs.vue'      //第一步：引入组件
    export default {
        name: 'App',
        data: function () {
            return {}
        },
        components: {
            "Vuejs": Vuejs      // 第二步：局部注册组件，可以简写为 Vuejs
        }
    }
</script>
<style>
</style>
```

提示　这样就完成了根组件和自定义组件之间的嵌套，如果想完成两个自定义组件之间的嵌套，则采用与上述相同的做法即可。

7.1.6　构建一个简单的脚手架项目

1. 项目构思和设计

图 7-10 所示为某网站首页的 UI，包括页头、主体部分和页脚。页头包括 Logo、登录/注册和个人中心，主体部分包括课程基本信息，页脚包括版权信息。

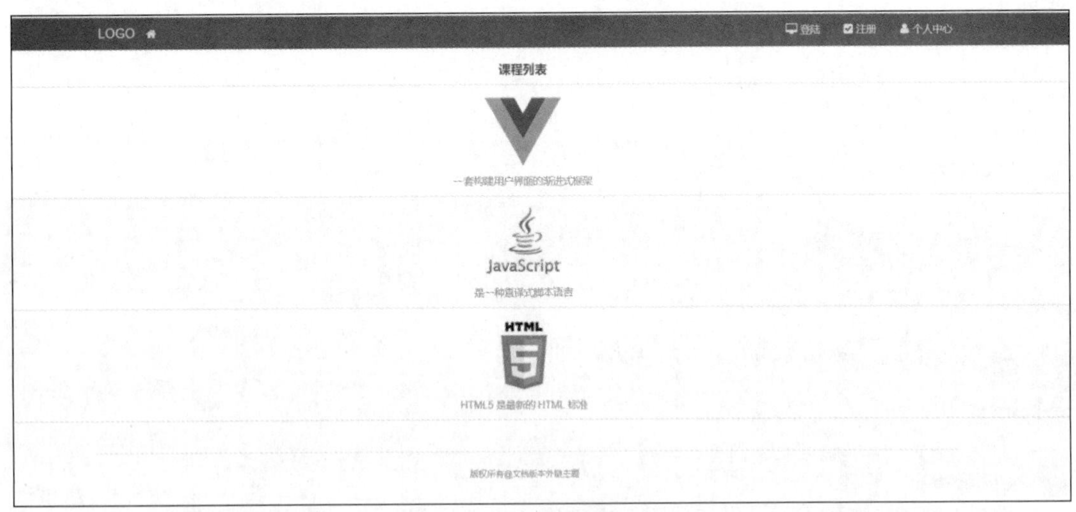

图 7-10　某网站首页的 UI

通过分析可以发现，首页的页头和页脚需要做成一个组件，因为每个页面都有相同的页头和页脚，同时，中间的内容区也需要做成一个组件。

2. 项目实施

在 components 文件夹中新建两个 Vue 文件，分别是 Layout.vue（包括网页的页头和页脚）、index.vue（网页主体部分），如图 7-11 所示。

由于该项目使用了现成的 ZUI 的 CSS 样式，所以需要将事先下载好的 ZUI 的样式表复制到项目目录中。项目需要的样式文件如图 7-12 所示。

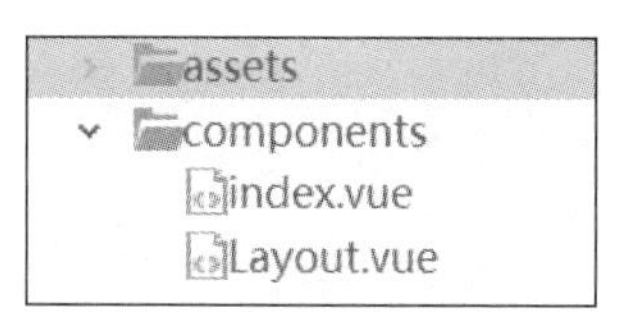

图 7-11　新建 Vue 文件

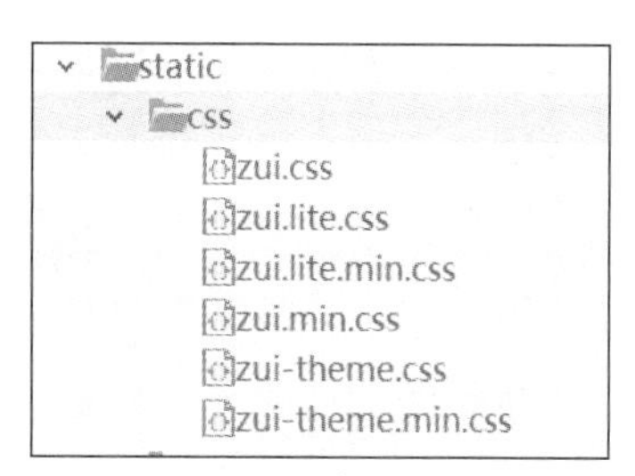

图 7-12　项目需要的样式文件

（1）main.js 代码。

在 main.js 代码中引入 Layout.vue 文件，并设置#app 容器中挂载的根组件层 Layout 组件，代码如下。

```
import Vue from 'Vue'
import Layout from './ch7/7.1Layout'
new Vue({
   el: '#app',
   components: { Layout },
   template: '<Layout/>',
})
```

（2）Layout.vue 代码。

Layout.vue 文件中包括了页头、页脚和主体部分，代码如下。

```
<template>
      <div id="app">
            <header id="header" class="bg-primary">
      <div class="navbar navbar-inverse navbar-fixed-top" id="navbar" role="banner">
             <div class="container">
                   <div class="navbar-header">
                    <button class="navbar-toggle collapsed" type="button" data-toggle="collapse"
data-target=".zui-navbar-collapse"></button>
                    <a href="/" class="navbar-brand">
                     <span class="path-zui-36">
                     <i class="path-1"></i>
                     <i class="path-2"></i></span>
                     <span class="brand-title">LOGO</span>
                     <small class="format-pkg zui-version" data-fmt-text="{version}"></small>
   <i data-toggle="tooltip" id="compactTogger" data-placement="bottom" class="icon icon-
home"></i></a>
             </div>
             <nav class="collapse navbar-collapse zui-navbar-collapse">
                    <ul class="nav navbar-nav navbar-right">
                       <li><a title="" href="" target="_blank">
                             <i class="icon icon-desktop"></i><span>登录</span></a></li>
                       <li><a title="" href="" target="_blank"><i class="icon icon-check-sign"></i>
<span>注册</span></a></li>
```

```
                    <li><a title="" href="" target="_blank"><i class="icon icon-user"></i><span>个人中
心</span></a></li></ul>
                </nav>
                    </div>
                </div>
            </header>
        <section>
        <Index></Index>
        </section>
<footer>
<div class="container">
<hr>
<p class="text-muted small">版权所有@辽宁.大连.2019</p>
</div>
</footer>
        </div>
</template>
<script>
        import Index from './8.1index'
        export default {
            name: 'Layout',
            components: {
        Index:Index
            }
        }
</script>
<style>
        #app {
            font-family: 'Avenir', Helvetica, Arial, sans-serif;
            -webkit-font-smoothing: antialiased;
            -moz-osx-font-smoothing: grayscale;
            text-align: center;
            color: #2c3e50;
            margin-top: 60px;
        }
</style>
```

（3）index.vue 代码。

在 index.vue 代码中渲染课程列表，代码如下。

```
<template>
    <div id="app">
        <div class="example">
            <h3>课程列表</h3>
            <div class="list-group">
                <a href="#" class="list-group-item" v-for="course in courseList">
                    <h4class="list-group-item-heading"><img :src="course.src"/></h4>
                    <p class="list-group-item-texttext-muted">{{course.description}}</p>
                </a>
            </div>
        </div>
    </div>
```

```
</template>
<script>
        export default {
            name: 'Index',
            components: {
            },
            data() {
                return {
                    courseList: [{
                            title: 'Vue 课程',
                            src: '/img/logos.png',
                            description: '一套构建用户界面的渐进式框架',
                        },
                        {
                            title: 'JavaScript 课程',
                            src: '/img/js.jpg',
                            description: '是一种直译式脚本语言',
                        },
                        {
                            title: 'HTML 课程',
                            src: '/img/html.jpg',
                            description: 'HTML5 是最新的 HTML 标准',
                        }
                    ],
                }
            }
        }
</script>
<style scoped>
</style>
```

提示 **在上述实例中，在 main.js 文件中指定了根组件为 Layout.vue，而没有使用根组件 App.vue。因为整个页面使用了 ZUI 样式，所以需要在 index.html 文件中引入 zui.css 文件。**

7.1.7 组件通信

组件通信的基本方法在第 4 章中已经详细讲解过，下面通过几个实例来巩固组件通信的知识点。

1. 父组件与子组件通信

接下来通过一个例子来说明父组件如何向子组件传递数据，在子组件 Users.vue 中如何获取父组件 App.vue 中的数据。

（1）父组件 App.vue 的代码如下。

```
<template>
<div id="app">
<users v-bind:users="users"></users>//前者自定义名称，以便于子组件调用，后者要传递数据名
</div>
```

```
</template>
<script>
import Users from "./components/Users"
export default {
  name: 'App',
  data(){
     return{
       users:["Henry","Bucky","Emily"]
     }
  },
  components:{
     "users":Users
  }
}
```

（2）子组件 Users.vue 的代码如下。

```
<template>
<div class="hello">
<ul>
<li v-for="user in usersToShow">{{user}}</li>//遍历传递过来的值，并将其呈现到页面中
</ul>
</div>
</template>
<script>
export default {
  name: 'HelloWorld',
  props:{
    Users-to-show:{              //这就是父组件中子标签的自定义名称
      type:Array,
      required:true
    }
  }
}
</script>
```

提示 父组件通过 props 传递数据给子组件。props 有两种数据：数组和对象。如果父组件传递过来的都是数组，则需要在子组件的 props 中指定数据类型，否则会有错误警告。props 传递属性时不能使用驼峰的命名方式，要注意属性传值和调用时命名方式的转换。

2. 子组件与父组件通信

接下来通过一个例子来讲解子组件如何向父组件传递数据。当单击“子向父传值”按钮后，子组件向父组件传递数据，文字由原来的“我是父组件的值”变为“子组件向父组件传值”，实现子组件向父组件数据的传递。

（1）子组件的代码如下。

```
<template>
<header>
<h1 @click="changeTitle">{{title}}</h1>//绑定一个单击事件
```

```
</header>
</template>
<script>
export default {
  name: 'app-header',
  data() {
     return {
       title:"子向父传值"
     }
  },
  methods:{
     changeTitle() {
        this.$emit("titleChanged","子组件向父组件传值");
                                        //自定义事件，传递数据“子组件向父组件传值”
     }
  }
}
</script>
```

（2）父组件的代码如下。

```
<template>
<div id="app">
<app-header v-on:titleChanged="updateTitle" ></app-header>
                                        //与子组件 titleChanged 自定义事件保持一致
   // updateTitle($event)接收传递过来的文字
<h2>{{title}}</h2>
</div>
</template>
<script>
import Header from "./components/Header"
export default {
  name: 'App',
  data(){
     return{
        title:"我是父组件的值"
     }
  },
  methods:{
    updateTitle(e){    //声明函数
       this.title = e;
    }
  },
  components:{
   "app-header":Header,
  }
}
</script>
```

提 示　　**子组件通过 events 给父组件发送消息，实际上就是子组件把自己的数据发送到父组件中。**

3. 非父子组件之间的通信

这种方法使用一个空的 Vue 实例作为中央事件总线（事件中心），以此来触发事件和监听事件，巧妙而轻量地实现了任何组件间的通信，包括父子、兄弟、跨级组件。当项目比较大时，可以选择更好的状态管理 Vuex 作为解决方案。

假设兄弟组件有 3 个，分别是组件 A、组件 B、组件 C，组件 C 获取组件 A 或者组件 B 的数据的代码如下。

```
<div id="itany">
<my-a></my-a>
<my-b></my-b>
<my-c></my-c>
</div>
<template id="a">
<div>
<h3>A 组件：{{name}}</h3>
<button @click="send">将数据发送给 C 组件</button>
</div>
</template>
<template id="b">
<div>
<h3>B 组件：{{age}}</h3>
<button @click="send">将数组发送给 C 组件</button>
</div>
</template>
<template id="c">
<div>
<h3>C 组件：{{name}}，{{age}}</h3>
</div>
</template>
<script>
var Event = new Vue();//定义一个空的 Vue 实例
var A = {
    template: '#a',
    data() {
        return {
            name: 'tom'
        }
    },
    methods: {
        send() {
            Event.$emit('data-a', this.name);
        }
    }
}
var B = {
    template: '#b',
    data() {
        return {
            age: 20
```

```
            }
        },
        methods: {
            send() {
                Event.$emit('data-b', this.age);
            }
        }
    }
    var C = {
        template: '#c',
        data() {
            return {
                name: '',
                age: ""
            }
        },
        mounted() {//在模板编译完成后执行
          Event.$on('data-a',name => {
                this.name = name;
                //箭头函数内部不会产生新的 this，这里如果不用=>，则 this 指代 Event
          })
          Event.$on('data-b',age => {
                this.age = age;
          })
        }
    }
    var vm = new Vue({
        el: '#itany',
        components: {
          'my-a': A,
          'my-b': B,
          'my-c': C
        }
    });
    </script>
```

把组件 A、组件 B 的数据传给组件 C 的效果如图 7-13 和图 7-14 所示。

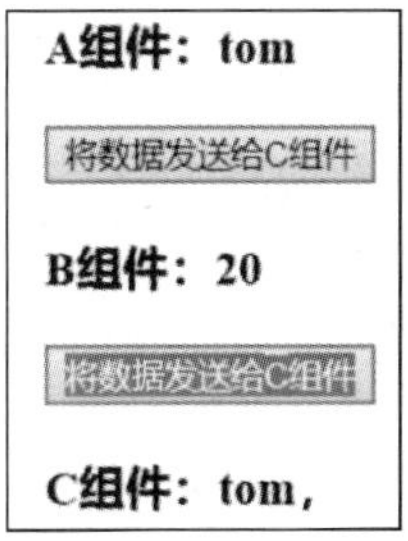

A组件：tom
将数据发送给C组件
B组件：20
将数据发送给C组件
C组件：tom，

图 7-13　把组件 A 的数据传给组件 C 的效果

A组件：tom
将数据发送给C组件
B组件：20
将数据发送给C组件
C组件：tom，20

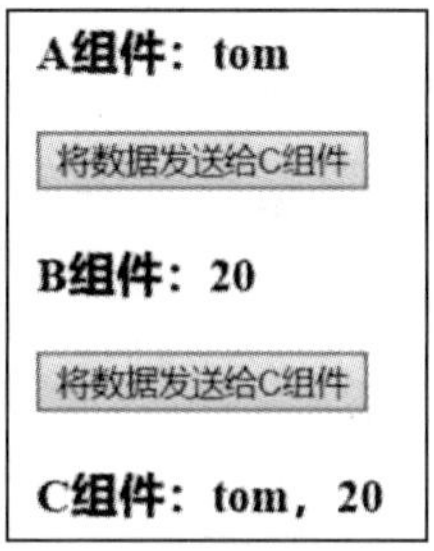

图 7-14　把组件 B 的数据传给组件 C 的效果

7.2 前端路由

在 HTML 中，实现跳转时都使用了<a>标签。<a>标签中有一个属性 href，为其赋一个对应的网络地址或者一个路径后，它就会跳转到对应的页面。Vue.js 的路由和<a>标签实现的功能是一样的，它们都实现一个对应的跳转，只不过路由的性能更佳。<a>标签不管单击多少次，都会发生对应的网络请求，页面会不停地进行刷新；但是使用路由机制，单击之后，不会出现请求及页面刷新，而会直接转换到要跳转的地址，这是使用路由的好处。

随着前后端分离开发模式的兴起，出现了前端路由的概念：前端通过 Ajax 获取数据后，通过一定的方式渲染到页面中，改变 URL 不会向服务器发送请求，同时，前端可以监听 URL 变化，可以解析 URL 并执行相应操作，而后端只负责提供 API 来返回数据。在 Vue 中，通过路由跳转到不同的页面中实际上就是加载不同的组件。前端路由可以通过直接引入 CDN、下载 Vue-router.js、本地引用或使用 NPM 安装 Vue-router 插件的方式来使用。

7.2.1 路由的安装和使用

1. 直接引入 CDN

可以在联网状态下直接引用网络中的相关 JS 文件，代码如下。

```
<script src="https://unpkg.com/vue/dist/vue.min.js"></script>
<script src="https://unpkg.com/vue-router/dist/vue-router.js"></script>
```

2. 下载 JS 文件

可以将相关 JS 文件下载到本地，在没有网络的情况下，也可以使用 Vue.js 和 Vue-router.js，代码如下。

```
<script src="js/Vue.js"></script>
<script src="js/Vue-router.js"></script>
```

下面通过实例演示 Vue-router 的使用，代码如下。

```
<div id="app">
<div>
<router-link to="/">JavaScript 课程</router-link>
<router-link to="/Vue">Vue 课程</router-link>
</div>
<div>
<router-view></router-view>
</div>
</div>
<script src="../js/Vue.js"></script>
<script src="../js/Vue-router.js"></script>
<script>
var routes=[
    {
        path:'/',
        component:{
            template: '<div><h1>JavaScript 课程</h1></div>'
        }
    },
    {
        path:'/Vue',
        component:{
            template:'<div><h1>Vue 课程</h1></div>'
        }
```

```
        }
    ];
    var router=new VueRouter({
        routes:routes
    });
    new Vue({
        el:'#app',
        router:router
    })
</script>
```

在上述实例中，单击不同的课程超链接，会显示不同的课程信息，如图 7-15 和图 7-16 所示。

JavaScript课程 Vue课程

JavaScript课程

图 7-15　单击“JavaScript 课程”超链接

JavaScript课程 Vue课程

Vue课程

图 7-16　单击“Vue 课程”超链接

3. 使用 NPM

NPM 的全称是 Node Package Manager，即 node 包管理器。NPM 是 Node.js 官方提供的包管理工具，已经成为 Node.js 包的标准发布平台，用于 Node.js 包的发布、传播、依赖控制。NPM 提供了命令行工具，可以方便地下载、安装、升级、删除包，也可以发布及维护包。由于 NPM 是随 Node.js 一起安装的，所以 Node.js 安装成功，NPM 也会安装完成。在命令行中输入“node –v”，如果出现 Node 版本号，则代表安装成功，或在命令行中使用 path 命令，查找环境变量中是否有 Node 的安装路径。

使用 NPM 安装路由时，需要在命令行中输入“npm install Vue-router --save”命令。安装路由模块后即可在项目中使用路由。

使用路由前要在 main.js 中进行设置，通过“import VueRouter from 'Vue-router'”命令引入路由模块，再通过“Vue.use(VueRouter)”使用命令引入的模块。

可以使用路由后需要进行路由配置。

在命令行中使用“npm install vue-router --save”命令安装 Vue-router，如图 7-17 所示。

```
D:\vue-project\vue-case>npm install vue-router --save
```

图 7-17　安装 Vue-router

安装成功以后，使用前端路由时需要经过以下几个步骤。

（1）安装 Vue-router 插件。

在 main.js 中使用“import VueRouter from 'vue-router'”命令导入需要使用的 Vue-router，导入后使用“Vue.use(VueRouter)”命令加载 Vue-router 插件。注意，from 后模块的字母都是小写的。

```
import VueRouter from 'vue-router';
import App from './components/app.vue';
//安装插件，挂载属性
Vue.use(VueRouter);
```

（2）创建路由对象并配置路由规则。

```
let router = new VueRouter({
        //routes
        routes: [
                //一个个对象
                { path: '/home', component: Home }
        ]
});
```

（3）在 Vue 实例中使用路由。

在 Vue 实例中设置 Vue 路由规则。

```
    el: '#app',
    router: router, //可以简写为 router
    render: c => c(App),//ES6 写法
})
```

（4）在组件中挂载路由。

在 App 组件的 template 中使用路由挂载其他组件。

```
<template>
<div>
<router-view></router-view>
</div>
</template>
```

4．在 Vue-CLI 3.0 及以上版本中创建项目

在使用 Vue-CLI 3.0 及以上版本创建项目时，可直接选择是否自动安装 Vue-router，无须用户手动进行安装配置，方便用户进行开发。

在 7.1 节的实例中，在浏览器地址栏中输入“http://localhost:8080”，根据路由配置，可以进入网站首页，如图 7-18 所示。

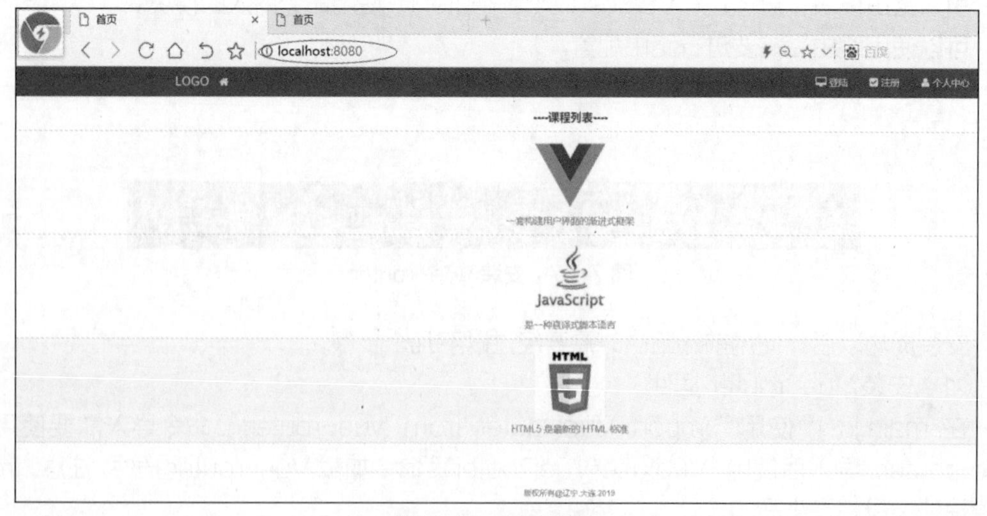

图 7-18　网站首页

在浏览器地址栏中输入“http://localhost:8080/detail”，根据路由配置，可以跳转到 detail 页面。

在 router 目录的 index.js 代码中引入相关组件并进行路由配置，代码如下。

```
import Index from './ch7/7.1index'
import Detail from './ch7/7.2detail'
let router = new VueRouter({
        mode: 'history',
        routes: [
            {
                path: '/',
                component: Index
            },
            {
                path: '/detail',
                component: Detail
            },
        ]
})
```

路由配置好以后，页面渲染效果如图 7-19 所示。

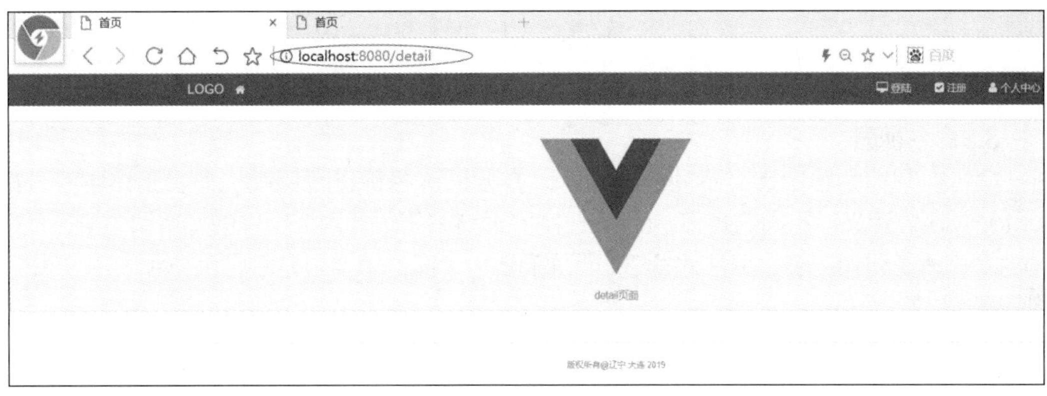

图 7-19　页面渲染效果

7.2.2　跳转方式

在实际项目中，不能只是通过地址栏进行跳转，还需要通过单击页面元素进行跳转。Vue-CLI 常用的跳转方式有以下几种。

1．使用<router-link></router-link>

在前面的实例中，如果用户需要跳转到不同的页面，则需要通过修改浏览器地址栏中的地址实现。而在网站中，用户通常需要通过超链接的文本或按钮进行跳转。在 Vue 中，用户通常是通过使用“<router-link></router-link>”渲染为一个<a>标签来实现跳转的。例如，使用“<router-link to="/about">跳转到 about</router-link>”，其中，“to”是一个属性，可以使用 v-bind 进行动态设置。

可以使用“<router-link>”标签将上述实例更改为通过单击课程图片来进行跳转。当单击课程图片时，可以跳转到课程详情页面，代码如下。

```
<router-link to="/detail">
        <h4 class="list-group-item-heading"><img :src="course.src"/></h4>
</router-link>
```

2. 通过事件调用函数

通过事件调用函数进行跳转时需要使用 v-on 指令和编程式导航，编程式导航会在 7.2.3 节中详细介绍。下面的实例是通过@click 和 this.$router.push('/user/123')进行的页面跳转，代码如下。

```
<template>
<div>
<h1>介绍页</h1>
<button @click="handleRouter">跳转到 user</button>//实现跳转的方式 1
</div>
</template>
<script>
    export default {
        methods: {
            handleRouter () {
                //实现跳转的方式 2
                this.$router.push('/user/123');
            }
        }
    }
</script>
```

3. 命名视图

命名视图即为路由定义不同的名称，以方便通过名称进行匹配。命名路由给不同的 router-view 定义了不同的名称，router-link 通过名称进行对应组件的调用和渲染。使用 components 可对应多个组件的名称。下面通过一个实例来学习命名视图的用法。index.js 的参考代码如下。

```
import Vue from 'Vue';
import VueRouter from 'Vue-router';
import App from './components/app.vue';
import header from './components/header'
import header2 from './components/header2'
import footer from './components/footer'
import main from './components/main'
Vue.use(VueRouter);
let router = new VueRouter({
    routes: [{
            path: '/page1',
            components: {
                header: header,
                default: main,
                footer: footer
            }
        },
        {
            path: '/page2',
            components: {
```

```
                    header: header2,
                    default: main,
                    footer: footer
                }
            },
        ]
});
```

App.vue 的参考代码如下。

```
<template>
    <div>
        <div>这是公用头部</div>
        <hr/>
            <router-view class="bg" name="header"></router-view>
            <router-view class="bg"></router-view>
            <router-view class="bg" name="footer"></router-view>
        <hr/>
        <div>这是公用底部</div>
    </div>
</template>
<script>
    export default {
        data(){
            return {
            }
        }
    }
</script>
<style scoped>
    .bg{
        height: 100px;
        background-color: skyblue;
    }
</style>
```

page1 和 page2 页面导航分别如图 7-20 和图 7-21 所示。

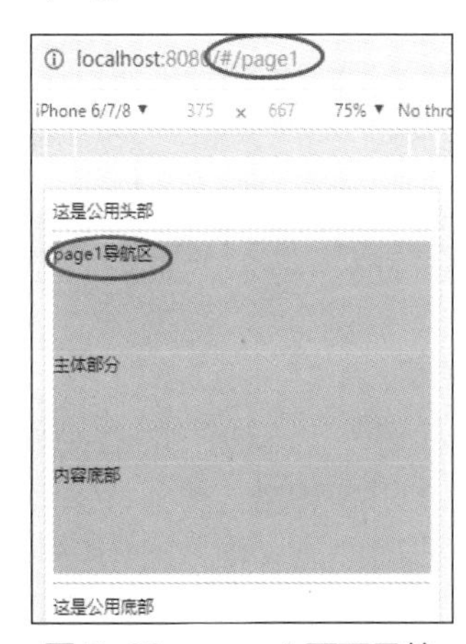

图 7-20　page1 页面导航

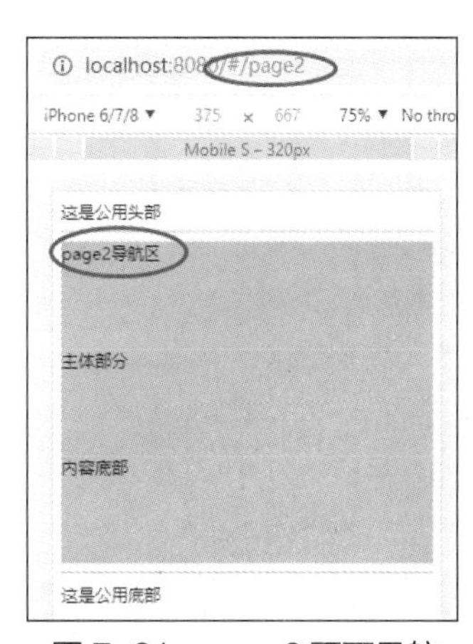

图 7-21　page2 页面导航

7.2.3 编程式导航

除了可以使用<router-link>创建<a>标签来定义导航链接之外，还可以借助 router 实例的 push()方法来定义导航链接。这种方法被称为 Vue 编程式导航。在 Vue 中，可以通过$router 访问路由实例，因此可以调用$router.push()方法。这个方法会向 history 栈添加一个新的记录，所以当用户单击浏览器中的后退按钮时，会回到之前的 URL。当单击<router-link>时，这个方法会在内部调用，所以单击“<router-link:to="...">”等同于调用“router.push(...)”方法。

在 7.1.6 节的简单实例中，单击“登录”超链接，会调用 login.vue 组件并渲染。登录前的页面如图 7-22 所示，单击“登录”超链接后的页面如图 7-23 所示。

图 7-22　登录前的页面

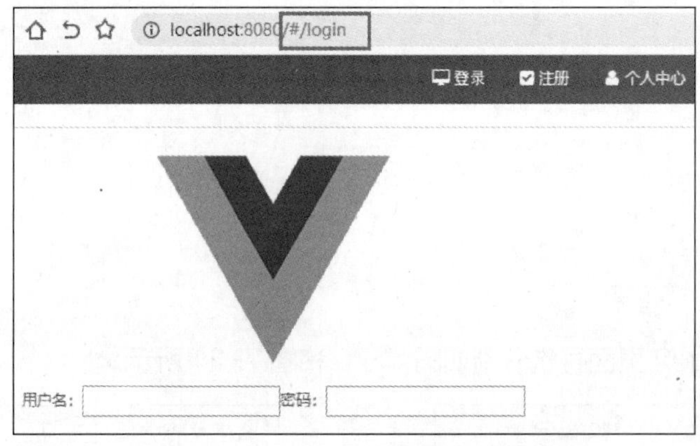

图 7-23　单击“登录”超链接后的页面

图 7-22 和图 7-23 的参考代码如下。

```
export default {
    name: 'Layout',
    components: {
Index:Index
    },
    methods: {
        login() {
            //实现跳转的方式
            this.$router.push('/login');
        }
```

```
        }
    }

    <li>
        <a  @click="login"><i class="icon icon-desktop"></i><span> 登录</span></a>
    </li>
```

在上述代码中，$router.push()方法的参数可以是一个字符串路径“$router.push('/login')”，也可以是一个描述地址的对象“$router.push({path:'login'})”，还可以是命名的路由“$router.push({name:'login',params:{userId:'123'}})”。使用 params 时，只能用 name 来引入路由，例如：

```
this.$router.push({path:"/detail",params:{name:'nameValue',code:10011}});
```

这种写法接收到的参数将是 undefined，代码如下。

```
this.$router.push({
    name:"detail",
    params:{
        name:'nameValue',
        code:10011
    }
});
```

router.replace()与 router.push()非常类似，唯一的不同是，router.replace()不会向 history 添加新记录，而会替换当前的 history 记录。

router.go(n)方法的参数是一个整数，表示在 history 记录中向前或向后退多少步，类似于“window.history.go(n)”。

```
// 在浏览器记录中前进一步，等同于 history.forward()
router.go(1)
// 后退一步，等同于 history.back()
router.go(-1)
// 前进 3 步
router.go(3)
// 如果 history 记录不够用，则跳转失败
router.go(-100)
router.go(100)
```

7.2.4 路由传参及获取参数

简单的页面跳转是无法满足用户需求的，在跳转到新的路径/组件的情况下，需要传递一些参数，并在新的组件内接收参数。

1. 使用地址栏传递参数

在 7.2.3 节的简单实例中，在地址栏中输入“http://localhost:8080/#/detail/2”，可以将参数 2 传递到 detail 组件中，如图 7-24 所示。

路由配置代码如下。

```
{
        path: '/detail/:id',
        component:Detail
},
```

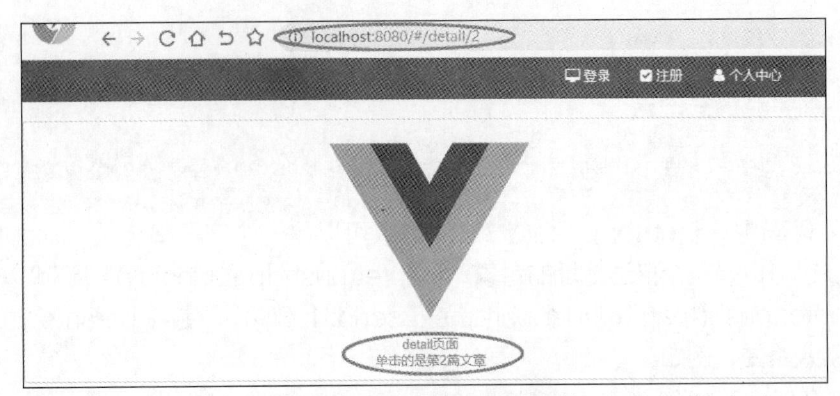

图 7-24　使用地址栏传递参数

detail 组件中接收参数的代码如下。

```
<p class="list-group-item-text text-muted">detail 页面<br />
单击的是第{{$route.params.id}}篇文章
</p>
```

如果还需要传入要查询的参数，则可以在地址栏中输入 “http://localhost:8080/#/detail/4?search=Vue”，并在 detail 组件中接收传入的查询参数，如图 7-25 所示。

图 7-25　使用地址栏传递查询参数

detail 组件中接收参数的代码如下。

```
<p class="list-group-item-text text-muted">detail 页面<br />
单击的是第{{$route.params.id}}篇文章,关键字是{{$route.query.search}}
</p>
```

2．使用路由传递参数

除了在地址栏中传递参数之外，还可以使用路由传递参数，代码如下。

```
// 带有查询参数，变为 /detail?id=2
router.push({ path: 'detail', query: { id:2}})
```

7.2.5　子路由

子路由也称嵌套路由，是指 URL 路径按照某种结构进行嵌套，基本做法是在原有路由的基础上添加一个 children 字段。children 是一个数组，其基本语法格式如下。

```
children:[
    {path:'/',component:xxx},
```

```
        {path:'xx',component:xxx},
    ]
```

图 7-26 和图 7-27 所示的是子路由实例 course-js 和 course-Vue 的页面显示效果。当单击“JavaScript 课程”超链接时，URL 地址显示为/course/js；当单击“Vue 课程”超链接时，URL 地址显示为/course/vue。可以看到，/js 和/vue 的路径都嵌套在 course 路径中。

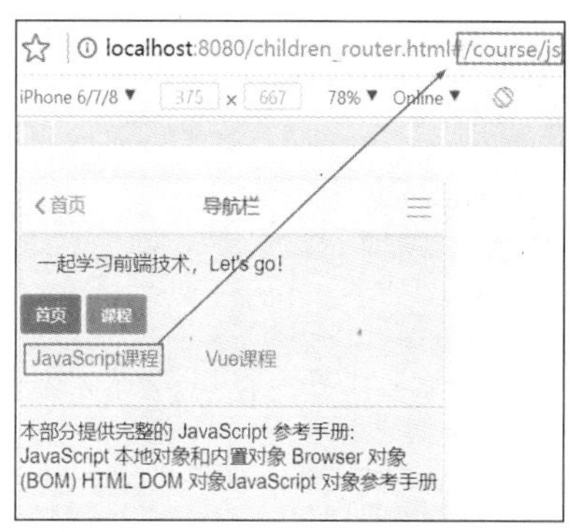

图 7-26 子路由实例 course_js 的页面显示效果

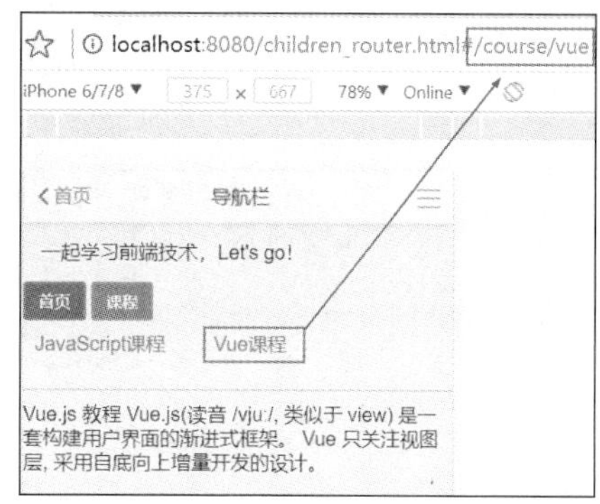

图 7-27 子路由实例 course_Vue 的页面显示效果

该实例共需要 6 个组件，如图 7-28 所示。

图 7-28 实例所需的组件

app.vue 组件的代码如下。

```
<template>
        <div>
            <header id="header" class="mui-bar mui-bar-nav">
                <h1 class="mui-title">导航栏</h1>
                <button class="mui-action-back mui-btn mui-
btn-blue mui-btn-link mui-btn-nav mui-pull-left"><span class="mui-icon
mui-icon-left-nav"></span>首页</button>
                <a class="mui-icon mui-icon-bars mui-pull-right"></a>
            </header>
            <div class="mui-card-content-inner" style="margin-top: 44px;">
                一起学习前端技术，Let's go!
            </div>
            <header-Vue></header-Vue>
            <router-view></router-view>
            <footer-Vue></footer-Vue>
        </div>
</template>
<script>
        export default {
            data() {
                return {
```

```
                    }
                }
            }
</script>
<style scoped>
</style>
```

header.vue 组件的代码如下。

```
<template>
        <div>
            <div class="mui-btn mui-btn-primary">首页</div>
            <router-link :to="{name:'course'}">
                <div class="mui-btn mui-btn-danger">课程</div>
            </router-link>
        </div>
</template>
<script>
        export default {
            data() {
                return {
                }
            }
        }
</script>
<style>
</style>
```

footer.vue 组件的代码如下。

```
<template>
<div>
<div class="footer">页脚</div>
</div>
</template>
<script>
    export default {
        data(){
            return {
            }
        }
    }
</script>
<style scoped="scoped">
    .footer{
        width: 100%;
        padding-top: 10px;
        height: 40px;
        background: gainsboro;
        text-align: center;
        position: fixed;
        left: 0;
        bottom: 0;
    }
</style>
```

course.vue 组件的代码如下。

```
<template>
<div>
<router-link :to="{name:'course_js'}"><span>JavaScript 课程</span></router-link>
<router-link :to="{name:'course_Vue'}"><span>Vue 课程</span></router-link>
<hr/>
<router-view></router-view>
</div>
</template>
<script>
    export default {
        data(){
            return {
            }
        }
    }
</script>
<style scoped>
    span{
        display: inline-block;
        height: 50px;
        width: 150px;
        padding: 10px;
    }
</style>
```

js.vue 组件的代码如下。

```
<template>
        <div>
            本部分提供完整的 JavaScript 参考手册:
            JavaScript  本地对象和内置对象  Browser
            对象(BOM) HTML DOM  对象 JavaScript 对象参考手册
        </div>
</template>
<script>
        export default {
            data() {
                return {
                }
            }
        }
</script>
<style>
</style>
```

vuejs.vue 组件的代码如下。

```
<template>
<div>
Vue.js  教程  Vue.js(读音  /vju：/, 类似于  view) 是一套构建用户界面的渐进式框架。
 Vue  只关注视图层, 采用自底向上增量开发的设计。
</div>
</template>
```

```
<script>
    export default {
        data(){
            return {
            }
        }
    }
</script>
<style>
</style>
```

main.js 的代码如下。

```
import Vue from 'Vue';
import VueRouter from 'Vue-router';
import App from './pages/app.vue';
import header from './pages/header.vue'
import footer from './pages/footer.vue'
import Course from './pages/course.vue'
import Js from './pages/js.vue'
import Vuejs from './pages/Vuejs.vue'
//注册全局组件
Vue.component('headerVue', header);
Vue.component('footerVue', footer);
//安装插件
Vue.use(VueRouter); //挂载属性
//创建路由对象并配置路由规则
let router = new VueRouter({
    //routes
    routes: [{
            path: '/',
            redirect: { name: 'course' },
        },
        {
            name: 'course',
            path: '/course',
            component: Course,
            children: [
                { name: 'course_js', path: 'js', component: Js },
                { name: 'course_Vue', path: 'Vue', component: Vuejs }
            ]
        }
    ]
});
new Vue({
    el: '#app',
    router, //简写为 router
    render: c => c(App),
})
```

7.2.6　路由拦截

Vue-router 提供的导航钩子函数主要用来拦截导航，使其正常跳转或跳转到其他页面。

下面的实例是通过全局钩子函数实现导航的拦截。钩子函数的基本语法格式如下。

```
router.beforeEach(function(to,from,next){
        var logged_in=true;
        if(!logged_in && to.path=='/user'){
          next('/login')
        }
        else  {
                next();
        }
});
```

每个钩子函数接收以下 3 个参数。

（1）to：即将要进入的目标路由对象。

（2）from：当前导航正要离开的路由。

（3）next：一定要调用该方法来 resolve 钩子，其执行效果依赖于 next()方法的调用参数。next()方法包括以下调用参数。

① next()：进行管道中的下一个钩子，如果全部钩子都执行完毕，则导航的状态就是 confirmed（确认的）。

② next(false)：中断当前的导航，如果浏览器的 URL 地址改变了（可能是用户手动或者浏览器后退按钮），那么 URL 地址会重置到 from 路由对应的地址。

③ next('/')或者 next({path: '/'})：跳转到一个不同的地址，当前的导航被中断，并进行一个新的导航，此时，要确保调用 next 方法，否则钩子不会 resolved（解决）。

下面通过一个没有登录无法访问用户管理的实例来学习钩子函数的用法。登录状态的 URL 和未登录状态的 URL 如图 7-29 和图 7-30 所示。

图 7-29　登录状态的 URL

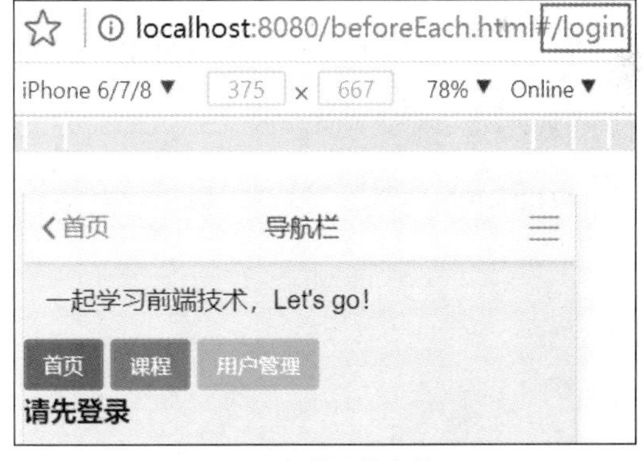

图 7-30　未登录状态的 URL

在该实例中，当“logged_in=false;”时，跳转到用户管理页面（/user）会被拦截，并跳转到登录页面（/login）。只有当“logged_in=true;”时，才能顺利地跳转到用户管理页面。

App.vue 的代码如下。

```
<template>
        <div>
                <header id="header" class="mui-bar mui-bar-nav">
                        <h1 class="mui-title">导航栏</h1>
                        <button class="mui-action-back mui-btn mui-btn-blue mui-btn-link
```

```
mui-btn-nav mui-pull-left"><span class="mui-icon mui-icon-left-nav"></span>首页</button>
                        <a class="mui-icon mui-icon-bars mui-pull-right"></a>
                    </header>
                    <div class="mui-card-content-inner" style="margin-top: 44px;">
                        一起学习前端技术，Let's go!
                    </div>
                    <header-Vue></header-Vue>
                    <router-view></router-view>
                    <footer-Vue></footer-Vue>
            </div>
    </template>
    <script>
            export default{
                data(){
                        return {
                        }
                }
            }
    </script>
    <style scoped>
    </style>
```

header.vue 的代码如下。

```
    <template>
            <div>
                <div class="mui-btn mui-btn-primary">首页</div>
                <router-link :to="{name:'course'}">
                        <div class="mui-btn mui-btn-danger">课程</div>
                </router-link>
                <router-link :to="{name:'login'}">
                        <div class="mui-btn mui-btn-warning">用户管理</div>
                </router-link>
            </div>
    </template>
    <script>
            export default {
                data() {
                        return {
                        }
                }
            }
    </script>
    <style>
    </style>
```

index.js 的代码如下。

```
    import Vue from 'Vue';
    import VueRouter from 'Vue-router';
    import App from './pages/app.vue';
    import header from './pages/header.vue'
    import footer from './pages/footer.vue'
    import Course from './pages/course.vue'
```

```
import Js from './pages/js.vue'
import Vuejs from './pages/Vuejs.vue'
//注册全局组件
Vue.component('headerVue', header);
Vue.component('footerVue', footer);
//安装插件
Vue.use(VueRouter); //挂载属性
//创建路由对象并配置路由规则
let router = new VueRouter({
    //routes
    routes: [{
            path: '/',
            redirect: { name: 'course' },
        },
        {
            path: '/login',
            name:'login',
             component:{
            template: '<div><h4>请先登录</h4></div>'
            },
        },
          {
            path: '/user',
            name:'user',
            component:{
            template: '<div><h4>用户管理</h4></div>'
            },
        },
        {
            name: 'course',
            path: '/course',
            component: Course,
            children: [
                { name: 'course_js', path: 'js', component: Js },
                { name: 'course_Vue', path: 'Vue', component: Vuejs }
            ]
        }
    ]
});
router.beforeEach(function(to,from,next){
    var logged_in=false;
    //var logged_in=true;
    if(!logged_in && to.path=='/user'){
      next('/login')
    }
    else  {
        next();
    }
});
new Vue({
```

```
        el: '#app',
        router, //简写为 router
        render: c => c(App),
    })
```

在项目开发中，通常使用 meta 对象中的属性来判断当前路由是否需要进行处理。如果需要处理，则按照具体的跳转需求进行处理，代码如下。

```
    {
        path:'/user',
        meta:{
            login_required:true
        },
        component:{
            template:'User'
        },
    },
```

在上述代码中，meta 对象中的 login_required 是自定义的字段名称，用来标记该路由是否需要判断，true 表示需要判断，false 表示不需要判断，再结合 router.beforeEach() 函数，设置路由规则。上例中的 main.js 可以改写如下。

```
    import Vue from 'Vue';
    import VueRouter from 'Vue-router';
    import App from './pages/app.vue';
    import header from './pages/header.vue'
    import footer from './pages/footer.vue'
    import Course from './pages/course.vue'
    import Js from './pages/js.vue'
    import Vuejs from './pages/Vuejs.vue'
    Vue.component('headerVue', header);
    Vue.component('footerVue', footer);
    Vue.use(VueRouter); //挂载属性
    let router = new VueRouter({
        //routes
        routes: [{
                path: '/',
                redirect: { name: 'course' },
            },
            {
                path: '/login',
                name:'login',
                 component:{
                template: '<div><h4>请先登录</h4></div>'
                },
            },
              {
                path: '/user',
                name:'user',
                meta:{
                login_required:true
                },
                 component:{
```

```
                template: '<div><h4>用户管理</h4></div>'
                },
            },
            {
                name: 'course',
                path: '/course',
                component: Course,
                children: [
                    { name: 'course_js', path: 'js', component: Js },
                    { name: 'course_Vue', path: 'Vue', component: Vuejs }
                ]
            }
        ]
});
router.beforeEach(function(to,from,next){
        var logged_in=false;
        //var logged_in=true;
        if(!logged_in && to.matched.some(function(item){
                return item.meta.login_required
            })){
            next('/login');
            }
        else{
            next();
        }
});
new Vue({
        el: '#app',
        router, //简写 router
        render: c => c(App),
})
```

7.3 服务器端数据访问 Axios

Vue.js 2.0 以上版本推荐使用 Axios 来完成 Ajax 请求，不再使用 Vue-resource。Axios 是一个基于 Promise 的 HTTP 库，应用于浏览器和 Node.js 中。目前，大部分浏览器支持 Axios。在项目中，可以使用以下两种方法安装 Axios。

（1）使用 CDN 安装 Axios，代码如下。

```
<scriptsrc="https://unpkg.com/axios/dist/axios.min.js"></script>
```

或者

```
<scriptsrc="https://cdn.staticfile.org/axios/0.18.0/axios.min.js"></script>
```

（2）使用 NPM 安装 Axios。

下面对这两种方法进行详细讲解。

7.3.1 使用 CDN 安装 Axios

使用 CDN 安装 Axios 后，可以使用 GET 方法和 POST 方法获取服务器端数据，代码如下。

```
<script src="https://unpkg.com/vue/dist/vue.min.js"></script>
<script src="https://cdn.staticfile.org/axios/0.18.0/axios.min.js"></script>
</head>
<body>
<div id="app">
  {{ info }}
</div>
<script type = "text/javascript">
new Vue({
  el: '#app',
  data () {
      return {
        info: null
      }
  },
  mounted () {
    axios
      .get('http://jsonplaceholder.typicode.com/users')
      .then(response => (this.info = response))
      .catch(function (error) { // 请求失败处理
        console.log(error);
      });
  }
})
</script>
</body>
```

以上实例中使用 GET 方法获取了免费接口的数据，在浏览器中渲染出来的是“http://jsonplaceholder.typicode.com/users”接口返回的一些 JSON 格式的数据，如图 7-31 所示。

{ "data": [{ "id": 1, "name": "Leanne Graham", "username": "Bret", "email": "Sincere@april.biz", "address": { "street": "Kulas Light", "suite": "Apt. 556", "city": "Gwenborough", "zipcode": "92998-3874", "geo": { "lat": "-37.3159", "lng": "81.1496" } }, "phone": "1-770-736-8031 x56442", "website": "hildegard.org", "company": { "name": "Romaguera-Crona", "catchPhrase": "Multi-layered client-server neural-net", "bs": "harness real-time e-markets" } }, { "id": 2, "name": "Ervin Howell", "username": "Antonette", "email": "Shanna@melissa.tv", "address": { "street": "Victor Plains", "suite": "Suite 879", "city": "Wisokyburgh", "zipcode": "90566-7771", "geo": { "lat": "-43.9509", "lng": "-34.4618" } }, "phone": "010-692-6593 x09125", "website": "anastasia.net", "company": { "name": "Deckow-Crist", "catchPhrase": "Proactive didactic contingency", "bs": "synergize scalable supply-chains" } }, { "id": 3, "name": "Clementine Bauch", "username": "Samantha", "email": "Nathan@yesenia.net", "address": { "street": "Douglas Extension", "suite": "Suite 847", "city": "McKenziehaven", "zipcode": "59590-4157", "geo": { "lat": "-68.6102", "lng": "-47.0653" } }, "phone": "1-463-123-4447", "website": "ramiro.info", "company": { "name": "Romaguera-Jacobson", "catchPhrase": "Face to face bifurcated interface", "bs": "e-enable strategic applications" } }, { "id": 4, "name": "Patricia Lebsack", "username": "Karianne", "email": "Julianne.OConner@kory.org", "address": { "street": "Hoeger Mall", "suite": "Apt. 692", "city": "South Elvis", "zipcode": "53919-4257", "geo": { "lat": "29.4572", "lng": "-164.2990" } }, "phone": "493-170-9623 x156", "website": "kale.biz", "company": { "name": "Robel-Corkery","catchPhrase": "Multi-tiered zero tolerance productivity", "bs": "transition cutting-edge web services" } }, { "id": 5, "name": "Chelsey Dietrich", "username": "Kamren", "email": "Lucio_Hettinger@annie.ca", "address": { "street": "Skiles Walks", "suite": "Suite 351", "city": "Roscoeview", "zipcode": "33263", "geo": { "lat": "-31.8129", "lng": "62.5342" } }, "phone": "(254)954-1289", "website": "demarco.info", "company": { "name": "Keebler LLC", "catchPhrase": "User-centric fault-tolerant solution", "bs": "revolutionize end-to-end systems" } }, { "id": 6, "name": "Mrs. Dennis Schulist", "username": "Leopoldo_Corkery", "email": "Karley_Dach@jasper.info", "address": { "street": "Norberto Crossing", "suite": "Apt. 950", "city": "South Christy",

图 7-31 浏览器渲染出来的数据

如果在进行 Ajax 请求的时候需要传递数据，则可以设置 GET 方法传递参数。

（1）直接在 URL 中添加参数 ID=12345。

```
axios.get('/user?ID=12345')
  .then(function (response) {
     console.log(response);
  })
  .catch(function (error) {
```

```
        console.log(error);
    });
  // 也可以通过 params 设置参数
  axios.get('/user', {
        params: {
            ID: 12345
        }
    })
    .then(function (response) {
        console.log(response);
    })
    .catch(function (error) {
        console.log(error);
    });
```

（2）通过 params 设置参数。

```
axios.get('/user', {
        params: {
            ID: 12345
        }
    })
    .then(function (response) {
        console.log(response);
    })
    .catch(function (error) {
        console.log(error);
    });
```

7.3.2 使用 NPM 安装 Axios

使用 NPM 安装 Axios 的指令为“npm install axios --save”。安装完成后，使用 Axios 进行 Ajax 请求时需要注意在主入口文件 main.js 中引入“import axios from 'axios'”之后，不能直接使用 Vue.use()方法对该插件进行全局引用，因为 Axios 是一个基于 Promise 的 HTTP 库，Axios 并没有安装方法。在 Vue 中，全局引用 Axios 的方法有 3 种，分别如下。

（1）结合 Vue-axios 使用。

（2）Axios 改写为 Vue 的原型属性。

（3）结合 Vuex 的 action 使用。

下面来看如何结合 Vue-axios 使用。首先，在主入口文件 main.js 中引用 Vue-axios。

```
import axios from 'axios'
import VueAxios from 'Vue-axios'
Vue.use(VueAxios,axios);
```

其次，在组件文件的 methods 中使用即可。

```
getUsersList(){
    this.axios.get('http://jsonplaceholder.typicode.com/users').then((response)=>{
            this.newsList=response.data;
        }).catch((response)=>{
            console.log(response);
```

```
        })
}
```

接下来讲解如何将 Axios 改写为 Vue 的原型属性。首先，在主入口文件 main.js 中进行引用，并将其挂在 Vue 的原型链上。

```
import axios from 'axios'
Vue.prototype.$axios = axios;
```

其次，在组件文件的 methods 中使用即可，代码如下。

```
this.$ajax.get('http://jsonplaceholder.typicode.com/users')
.then((response)=>{
     this.newsList=response.data;
}).catch((response)=>{
     console.log(response);
})
```

下面的实例展示了使用 Axios 调用数据并遍历数据的过程，代码如下。

```
<template>
          <div id="app">
               <h3>用户名列表</h3>
          <ul>
               <li v-for="info in infos">{{info.name}}</li>
          </ul>
          </div>
</template>
<script type = "text/javascript">
export default {
               name: 'app',
     data () {
     return {
       infos: []
     }
  },
            mounted () {
     this.$axios
        .get('http://jsonplaceholder.typicode.com/users')
        .then(response => (this.infos = response.data))
        .catch(function (error) { // 请求失败处理
          console.log(error);
        });
  }
}
</script>
<style>
          li{
               font-size: 16px;
               border-bottom: dashed 1px gray;
               margin-bottom: 10px;
          }
</style>
```

此时，接口请求到的数据如图 7-32 所示。

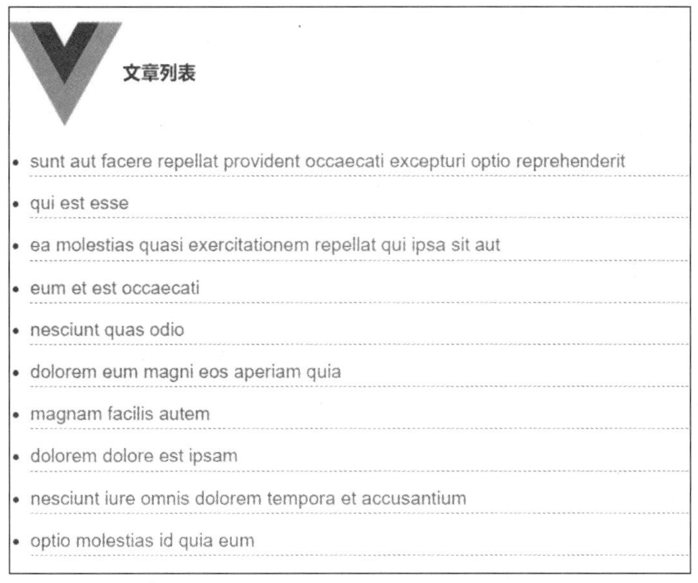

图 7-32　接口请求到的数据

7.3.3　请求本地 JSON 数据

Vue.js 的优点之一就是可以将前后端开发完全分离，所以在开发过程中，接口通常会滞后于页面的开发，需要模拟后台 API 请求结果。Vue 请求和使用本地 JSON 数据是项目开发的重要环节。下面讲解如何在 Vue 文件中使用 Axios 请求 JSON 数据。

在项目的 public 目录中创建一个 JSON 文件，具体操作如图 7-33 所示。这里需要创建一个名为 db.json 的 JSON 文件。

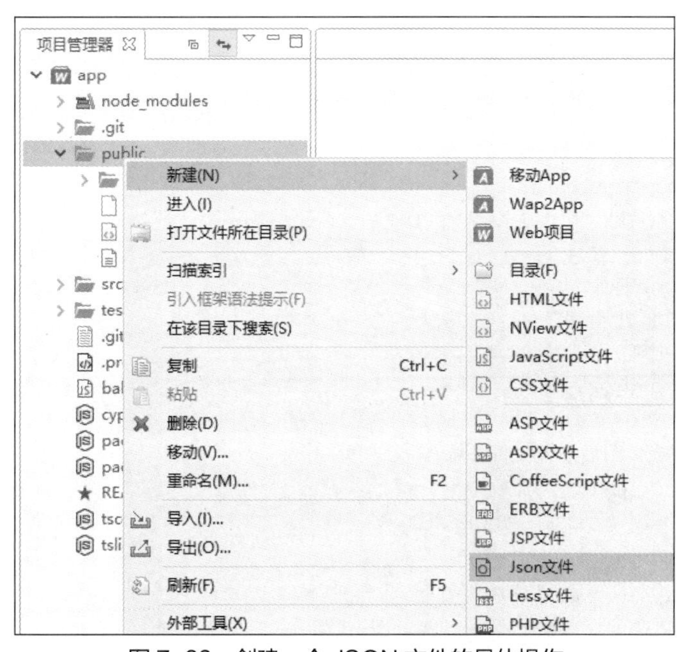

图 7-33　创建一个 JSON 文件的具体操作

JSON 数据样例如下。

```
{
    "id": 1,
    "name": "Leanne Graham",
    "username": "Bret",
    "email": "Sincere@april.biz",
    "address": {
      "street": "Kulas Light",
      "suite": "Apt. 556",
      "city": "Gwenborough",
      "zipcode": "92998-3874",
      "geo": {
        "lat": "-37.3159",
        "lng": "81.1496"
      }
}
```

访问服务器文件，应该将 JSON 文件放在最外层的 public 文件夹中，这个文件夹是 Vue-CLI 内置服务器向外暴露的静态文件夹。请求本地数据的核心代码如下。

```
        mounted () {
    this.$axios
      .get('/db.json')
      .then(response => (
        this.infos = response.data,
      )
      .catch(function (error) {
        console.log(error);
      });
  }
```

App.vue 的全部代码如下。

```
<template>
<div id="app">
<img src="./assets/logo.png">
<div class="teacherlist">
        <table border="1" cellspacing="0" cellpadding="0">
        <tr>
              <th>索引</th>
              <th>姓名</th>
              <th>E-mail</th>
              <th>电话</th>
        </tr>
        <tr   v-for="(info,index) in infos">
              <td>{{index}}</td>
              <td>{{info.username}}</td>
              <td>{{info.email}}</td>
              <td>{{info.phone}}</td>
        </tr>
</table>
```

```
</div>
</div>
</template>
<script>
export default {
  name: 'App',
  components: {
  },
      data () {
    return {
      infos: [],
      index:''
    }
  },
         mounted () {
    this.$axios
      .get('/db.json')
      .then(response => (
        this.infos = response.data,
        console.log(this.infos))
      )
      .catch(function (error) {
        console.log(error);
      });
  }
}
</script>
<style scoped="scoped">
#app {
  font-family: 'Avenir', Helvetica, Arial, sans-serif;
  -webkit-font-smoothing: antialiased;
  -moz-osx-font-smoothing: grayscale;
  text-align: center;
  color: #2c3e50;
  margin-top: 60px;
}
.teacherlist{
        width: 70%;
        margin: 0 auto;
        padding: 20px;
        border: solid 1px gray;
}
.teacherlist td,th{
        padding: 10px;
}
</style>
```

请求的本地 JSON 数据如图 7-34 所示。

索引	姓名	E-mail	电话
0	Bret	Sincere@april.biz	1-770-736-8031 x56442
1	Antonette	Shanna@melissa.tv	010-692-6593 x09125
2	Samantha	Nathan@yesenia.net	1-463-123-4447
3	Karianne	Julianne.OConner@kory.org	493-170-9623 x156

图 7-34　请求的本地 JSON 数据

7.3.4　跨域请求数据

在项目开发过程中，用户自己创建本地 JSON 数据比较麻烦，通常需要访问接口返回的数据。使用 Vue-CLI 创建的项目，如果开发地址是 localhost:8080，则需要访问“http://172.24.10.175/workout/api.php/lists/mod/club”接口上的数据。如果直接将接口写在网址中，则会报错，错误提示如图 7-35 所示。

```
[HMR] Waiting for update signal from WDS...                         log.js?4244:23
Failed to load http://172.24.10.175/workout/api.php/lists/mod/clu   :8080/#/:1
b: No 'Access-Control-Allow-Origin' header is present on the requested
resource. Origin 'http://localhost:8080' is therefore not allowed access.
```

图 7-35　错误提示

因为这是不同域名之间的访问，需要跨域才能正确请求。跨域的方法有很多，通常需要在后台进行配置。但是 Vue-CLI 创建的项目可以直接利用 Node.js 代理服务器实现跨域请求。

在开发过程中，当跨域无法请求时，可以在项目根目录中新建 vue.config.js 文件，添加 devServer:{}选项，代码如下。

```
devServer: {
        open: true,
        /* 设置为 0.0.0.0 时，所有地址均能访问 */
        host: '0.0.0.0',
        port: 8066,
        https: false,
        hotOnly: false,
        /* 使用代理 */
        proxy: {
            '/api': {
                /* 目标代理服务器的 IP 地址 */
                target:'http://172.24.10.175',
                /* 允许跨域 */
                changeOrigin: true,
                pathRewrite: {    //重写路径，如将'/api/aaa/ccc'重写为'/aaa/ccc'
```

```
                    '^/api': ''
                }
            },
        },
    },
```

在 main.js 中配置全局请求路径"Vue.prototype.HOST='/api'"。

至此，可以全局使用此域名了。

```
var url = this.HOST + '/workout/api.php/lists/mod/club';
this.$http.get(url).then(res => {
        this.infos = response.data,
 },res => {
    console.info('调用失败');
 });
```

跨域请求的完整代码如下。

```
<template>
        <div id="app">
            <img src="./assets/logo.png">
            <div class="teacherlist">
                <table border="1" cellspacing="0" cellpadding="0">
                    <tr>
                        <th>索引</th>
                        <th>姓名</th>
                        <th>E-mail</th>
                        <th>电话</th>
                    </tr>
                    <tr v-for="(info,index) in infos">
                        <td>{{index}}</td>
                        <td>{{info.club_name}}</td>
                        <td>{{info.club_contact}}</td>
                        <td>{{info.club_tel}}</td>
                    </tr>
                </table>
            </div>
        </div>
</template>
<script>
        export default {
            name: 'App',
            components: {},
            data() {
                return {
                    infos: [],
                    index: ''
                }
            },
            mounted() {
                var url = this.HOST + '/workout/api.php/lists/mod/club';
                this.$axios
                    .get(url)
```

```
                        .then(response => (
                            this.infos = response.data,
                            console.log(this.infos)))
                        .catch(function(error) { // 请求失败处理
                            console.log(error);
                        });
                }
            }
</script>
<style scoped="scoped">
    #app {
        font-family: 'Avenir', Helvetica, Arial, sans-serif;
        -webkit-font-smoothing: antialiased;
        -moz-osx-font-smoothing: grayscale;
        text-align: center;
        color: #2c3e50;
        margin-top: 60px;
    }
    .teacherlist {
        width: 70%;
        margin: 0 auto;
        padding: 20px;
        border: solid 1px gray;
  }
    .teacherlist td,
    th {
        padding: 10px;
    }
</style>
```

跨域请求到的数据如图 7-36 所示。

索引	姓名	E-mail	电话
0	计算机系16级跑步俱乐部	沈阳市皇姑区16号	123456
1	2015级女子跑步俱乐部	沈阳市皇姑区16号	123456
2	2017级新生跑步俱乐部	沈阳市皇姑区16号	67858687
3	爱上跑步俱乐部	沈阳市皇姑区16号	46456464
4	东软足球俱乐部		
5	东软游泳俱乐部		

图 7-36　跨域请求到的数据

提 示　　**修改完 Vue.coufig.js 文件以后，需要重新在命令行中运行项目，否则系统仍会报错。**

7.3.5 GET 请求

通过前面的实例可以看出，不需要带参数的 GET 请求直接拼接后台接口地址即可获取数据。

```
this.$axios.get(this.HOST+ “后台接口地址” ).then(res => {
//获取需要用到的数据
})
```

在上个实例中，如果单击某个文章的名称跳转到相应文章的详情页，则需要在请求的时候传递参数，传递参数的方法有以下两种。

（1）使用 params 获取路由参数。

```
this.$axios.get(this.HOST+ “后台接口地址” +参数).then(res => {
        //获取需要用到的数据
});
```

那么请求时传递的参数如何获得呢？要想通过 params 获取路由参数，需要事先定制匹配规则，简单的做法是在设置路由的时候设置要传递的参数，写法为“path:'/info/:id',”。

（2）在<router-link>中设置要传递的参数。

```
<router-link :to="{name:'info',params:{id:info.id}}"><span>{{info.title}}</span></router-link>
```

不管通过哪种方式设置要传递的参数，在接收参数的详情页都可以获得传递过来的参数，代码如下。

```
data(){
            return{
                id:this.$route.params.id,
                info:{}
            }
        },
```

接收到参数后，在 GET 请求的时候即可传递参数，代码如下。

```
created(){
this.$axios.get('http://jsonplaceholder.typicode.com/posts/'+this.id).then(response => {
        var res=response.data;
        this.info=res;
    }, response => {
        alert('请求失败！ ');
    });
                }
```

除此之外，params 获取到的参数可以直接拼接到接口 URL 地址的后面，如 http://jsonplaceholder.typicode.com/posts/'+this.id，也可以通过指定 params 对象的方式进行传递，代码如下。

```
this.$axios.get('http://jsonplaceholder.typicode.com/posts/',
    {
     params:{
            id:this.id
```

```
        }
})
```

在 7.3.2 节的实例中，当单击某个具体文章后，会跳转到文章详情页，如图 7-37 和图 7-38 所示。

图 7-37　GET 请求到的数据

图 7-38　文章列表页向文章详情页传递 id

（1）main.js 的代码如下。

```
import Vue from 'Vue';
import VueRouter from 'Vue-router';
import axios from 'axios'
Vue.prototype.$axios = axios;
import App from './components/app.vue';
import List from './components/list.vue';
import Info from './components/info.vue';
Vue.use(VueRouter); //挂载属性
let router = new VueRouter({
  routes: [{
            path: '/',
            component:List
```

```
        },
        {
            path: '/info/:id',
            name:'info',
            component:Info
        },
    ]
});
```

（2）list.vue 的代码如下。

```
<template>
        <div id="app">
            <h3><img src="/img/logos.png"/>文章列表</h3>
            <ul>
                <li v-for="info in infos">
        <router-link :to="'/info/'+info.id"><span>{{info.title}}</span></router-link>
                </li>
            </ul>
        </div>
</template>
<script type="text/javascript">
        export default {
            name: 'List',
            data() {
                return {
                    infos: []
                }
            },
            mounted() {
                this.$axios
                    .get('http://jsonplaceholder.typicode.com/posts')
                    .then(response => (this.infos = response.data.slice(0, 10)))
                    .catch(function(error) {
                        console.log(error);
                    });
            }
        }
</script>
<style>
        li {
            font-size: 16px;
            border-bottom: dashed 1px gray;
            margin-bottom: 10px;
        }
</style>
```

（3）info.vue 的代码如下。

```
<template>
        <div id="app">
        <h3><img src="/img/logos.png"/>
        文章详情
        </h3>
```

```
            <div class="info">
                <h3>标题：{{info.title}}</h3>
                <h3>userId：{{info.userId}}</h3>
                <h3>id：{{info.id}}</h3>
                <h3>body：{{info.body}}</h3>
            </div>
            </div>
</template>
<script>
            export default{
                name:'clubinfo',
                data(){
                    return{
                        id:this.$route.params.id,
                        info:{}
                    }
                },
                created(){
this.$axios.get('http://jsonplaceholder.typicode.com/posts/'+this.id).then(response => {
        var res=response.data;
        this.info=res;
    }, response => {
        alert('请求失败！');
    });
                }
            }
</script>
<style>
            li{
                font-size: 16px;
                border-bottom: dashed 1px gray;
                margin-bottom: 10px;
            }
            .info{
                width:50%;
               margin-left:5%;
                border: solid 1px royalblue;
                padding: 20px;
            }
</style>
```

提示 **使用 params 对象传递参数的时候，请求服务器后返回的数据是一个数据集合。**

使用 params 对象传递参数的完整代码如下。

① main.js 的代码如下。

```
import Vue from 'Vue';
import VueRouter from 'Vue-router';
import axios from 'axios'
```

```
Vue.prototype.$axios = axios;
import App from './components/app.vue';
import List from './components/list.vue';
import Info from './components/info.vue';
Vue.use(VueRouter); //挂载属性
let router = new VueRouter({
  routes: [{
           path: '/',
           component:List
     },
        {
           path: '/info,
           name:'info',
           component:Info
       },
  ]
});
```

② list.vue 的代码如下。

```
<template>
         <div id="app">
              <h3><img src="/img/logos.png"/>文章列表</h3>
              <ul>
                   <li v-for="info in infos">
         <span>{{info.id}}.</span><router-link :to="{name:'info',params:{id:info.id}}"><span>
{{info.title}}</span></router-link>
                   </li>
              </ul>
         </div>
</template>
<script type="text/javascript">
         export default {
              name: 'List',
              data() {
                    return {
                          infos: []
                    }
              },
              mounted() {
                    this.$axios
                          .get('http://jsonplaceholder.typicode.com/posts')
                          .then(response => (this.infos = response.data.slice(0, 10)))
                          .catch(function(error) {
                                console.log(error);
                          });
              }
         }
</script>
<style>
         li {
              font-size: 16px;
```

```
            border-bottom: dashed 1px gray;
            margin-bottom: 10px;
        }
</style>
```

③ info.vue 的代码如下。

```
<template>
        <div id="app">
        <h3><img src="/img/logos.png"/>
        文章详情
        </h3>
        <div class="info">
            <h3>标题：{{info.title}}</h3>
            <h3>userId：{{info.userId}}</h3>
            <h3>id：{{info.id}}</h3>
            <h3>body：{{info.body}}</h3>
        </div>
        </div>
</template>
<script>
        export default{
            name:'clubinfo',
            data(){
                return{
                    id:this.$route.params.id,
                    info:{},

                }
            },
created(){
this.$axios.get('http://jsonplaceholder.typicode.com/posts/',
    {
     params:{
         id:this.id
     }
}
).then(response => {
     var res=response.data;
     this.info=res[0];
   console.log(res[0])
   }, response => {
     alert('请求失败！');
  });
            }
        }
</script>
<style>
        li{
            font-size: 16px;
            border-bottom: dashed 1px gray;
            margin-bottom: 10px;
```

```
        }
        .info{
            width:50%;
           margin-left:5%;
            border: solid 1px royalblue;
            padding: 20px;
        }
</style>
```

7.3.6 POST 请求

通过 GET 请求可以从服务器端获得需要的数据，如果前端表单的数据需要发送到服务器端进行处理，则需要使用 POST 请求。POST 请求的语法和 GET 请求的语法类似。下面通过实例来看如何发送 POST 请求。其中，添加留言页面如图 7-39 所示，成功发送 POST 请求返回的数据如图 7-40 所示。

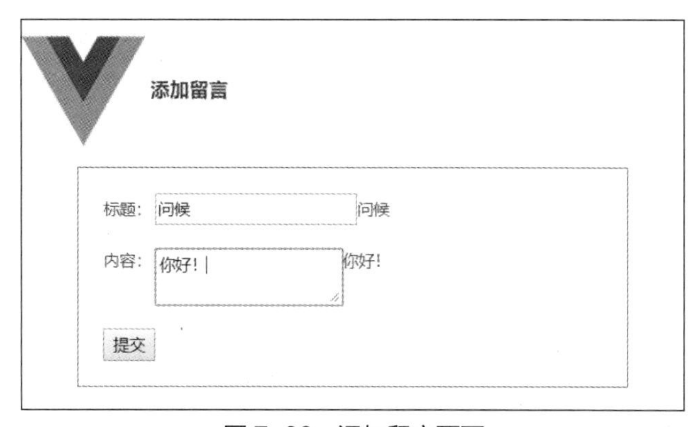

图 7-39　添加留言页面

```
                                              0.c03e9ee….hot-update.js:41
▼{data: {…}, status: 201, statusText: "Created", headers: {…}, config: {…}
 , …}
  ▶config: {adapter: ƒ, transformRequest: {…}, transformResponse: {…}, timeout: 0
  ▼data:
      content: "你好！"
      id: 101
      title: "问候"
    ▶__proto__: Object
  ▶headers: {pragma: "no-cache", content-type: "application/json; charset=utf-8",
  ▶request: XMLHttpRequest {onreadystatechange: ƒ, readyState: 4, timeout: 0, wit
   status: 201
   statusText: "Created"
  ▶__proto__: Object
```

图 7-40　成功发送 POST 请求返回的数据

这里需要实现的功能是，在表单中输入数据后，单击“提交”按钮，将表单的数据通过 POST 请求发送到服务器端。

question.vue 表单的代码如下。

```
<template>
        <div id="app">
        <h3><img src="/img/logos.png"/>添加留言</h3>
        <div class="info">
```

```
<form action="" method="">
            标题：<input type="text" name="title" id="title" value="" v-model="title"/>{{title}}</br></br>
            内容：<textarea name="content" rows="" cols="" v-model="content"></textarea>
{{content}}</br></br>
            <button @click.prevent="post">提交</button>
</form>
            </div>
            </div>
</template>
<script>
            export default{
                name:'clubinfo',
                data(){
                    return{
                        title:'',
                        content:'',
                    }
                },
            methods:{
              post:function(){
            this.$axios.post('http://jsonplaceholder.typicode.com/posts/',
    {
            title:this.title,
            content:this.content
}).then(function(data){
            console.log(data)
});
                }
            }
}
</script>
<style>
            li{
                font-size: 16px;
                border-bottom: dashed 1px gray;
                margin-bottom: 10px;
            }
            .info{
                width:50%;
                margin-left:5%;
                border: solid 1px royalblue;
                padding: 20px;
            }
</style>
```

在上述实例中，提交的是免费的测试接口，在项目开发的时候，将其改为自己的接口即可处理表单提交的数据。注意，在表单提交的时候，如果数据没有提交成功且没有报错，则需要在@click 后面添加修饰符 prevent，目的是阻止页面在没有完成 POST 请求的时候刷新页面，代码为“<button @click.prevent="post">提交</button>”。

7.4 Webpack 基础

Webpack 是一个现代 JavaScript 应用程序的静态模块打包器。当 Webpack 处理应用程序时，它会递归地构建一个依赖关系图，其中包含应用程序需要的每个模块，并将所有模块打包成一个或多个。

7.4.1 Webpack 简介

1. 什么是 Webpack

Webpack 是一个模块构建工具，由于 JavaScript 应用程序的复杂性不断增加，构建工具已成为 Web 开发中不可或缺的一部分。用户可以将 Webpack 理解为模块打包器，它帮助开发者打包、编译和管理项目需要的众多资源文件和依赖库，包括分析项目结构，找到 JavaScript 模块以及其他浏览器不能直接运行的拓展语言（Vue、TypeScript 等），并将其转换和打包为符合生产环境部署的前端资源，最终以合适的格式供浏览器使用。Webpack 支持 CommonJS、AMD 和 ES6 模块系统，并且兼容多种 JS 书写规范，可以处理模块间的依赖关系，既能压缩图片，又能对 CSS、JS 文件进行语法检查、压缩和编译打包。

所谓前端资源，是指在创建 HTML 时，引入的 Script、Link、Img、JSON 等文件。Webpack 可以只在 HTML 文件中引入一个 JS 文件，再定义一个入口文件 JS，用于存放依赖的模块，即可将其他前端资源按照依赖关系和规则打包使用。

进行前端模块化开发时，使用第三方的文件后往往需要进行额外的处理才能使浏览器识别，所以需要前端打包工具。

2. Webpack 的工作原理及优缺点

工作原理：把项目当作一个整体，Webpack 将通过一个给定的主文件（如 index.js）开始找到项目的所有依赖文件，使用 Loaders 处理它们，并将其打包为一个（或多个）浏览器可识别的文件。Webpack 比其他打包工具的处理速度更快，能打包更多不同类型的文件。Webpack 的工作原理如图 7-41 所示。

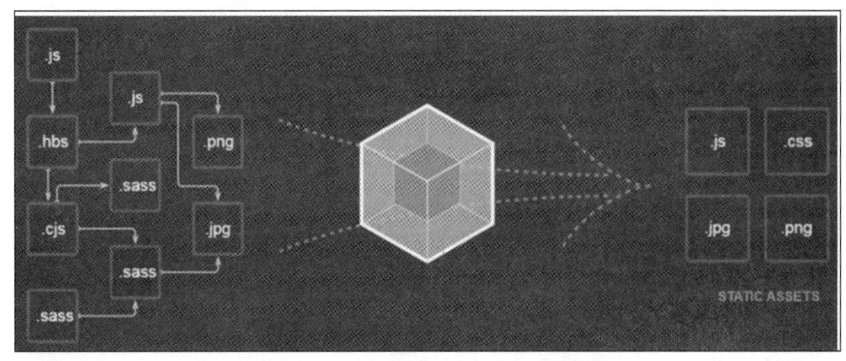

图 7-41　Webpack 的工作原理

Webpack 的优点如下。

① 可以很好地用于单页面应用。

② 可以打包各种文件，同时支持 require()和 import 模块语法。

③ 使用了模块化开发，结构层次清晰。
④ 可以支持多种插件和各种各样的 Loader。
⑤ 热加载可以使 Vue.js 和 React 等前端框架本地开发速度更快。
Webpack 的缺点如下。
① 不适合 Web 开发的初学者使用。
② 对于 CSS、图片和其他非 JS 资源文件，需要先进行混淆处理。
③ 文档不够完善。
④ 不同版本的使用方法存在较大差异。

提 示 开发者可以通过 NPM 安装 Webpack，并使用 Webpack 从零开始开发项目。使用 Webpack 开发需要认真学习 Webpack 配置文件的基本内容。由于本书使用了 Vue-CLI 开发工程项目，Vue-CLI 是自动生成 Vue.js+Webpack 项目模板的，因此不再详细介绍 Webpack 的配置文件，只介绍 Vue-CLI 中 Webpack 的基础配置。

7.4.2 Vue-CLI 中 Webpack 的配置基础

Vue-CLI 构建工具大大降低了 Webpack 的使用难度。下面具体介绍 Webpack 的基础配置。

1. vue.config.js 解析

Vue-CLI 中的 Webpack 配置文件是 vue.config.js（可以自行手动创建），整个文件遵循 commonJS 规范，所以可以使用 module.exports 等语法。一个 Webpack 配置文件的基本结构如下。

```
module.exports = {// 基本路径, Vue.CLI 3.3 以前版本请使用 baseUrl
publicPath: '/',// 输出文件目录
outputDir: 'dist',// 用于嵌套生成的静态资产（JS、CSS、Img、Fonts）的目录
assetsDir: '',// 生产环境
productionSourceMap: true,// Webpack 配置
configureWebpack: () => {},
chainWebpack: () => {},
// CSS 相关配置
css: {// 启用 CSS modules
    modules: false,// 是否使用 CSS 分离插件
    extract: true,// 是否开启 CSS 生产环境
    sourceMap: false,// CSS 预设器配置项 loaderOptions: {},
},
// Webpack-dev-server 相关配置
devServer: {
    host: '0.0.0.0',
    port: 8080,
    proxy: {}, // 设置代理
},
// 第三方插件配置
pluginOptions: {// ...}
```

```
}
```

Vue.config.js 文件常用配置解析如表 7-2 所示。

表 7-2　Vue.config.js 文件常用配置解析

核心	说明
publicPath	输出文件目录
outputDir	用于嵌套生成的静态资产的目录
assetsDir	生产环境
devServer	Webpack-dev-server 相关配置
pluginOptions	第三方插件配置

Vue-CLI 是构建 Vue 单页应用的脚手架，输入一串指定的命令行后会自动生成 Vue.js+Wepack 的项目模板。其中，Webpack 发挥了很大的作用，它可以实现代码模块化，并引入了一些插件来帮助开发者完善功能，对文件进行打包和压缩等。

2. package.json 解析

package.json 用来制定名单，“npm install”命令可根据此配置文件来管理本地的安装包。

```
    "name": "vuecase",//项目名称：不能以.(点)或者_（下划线）开头，不能包含大写字母，具
                              //有明确的含义，与现有项目名称不重复
    "version": "1.0.0",//项目版本号：遵循“大版本.次要版本.小版本”的规则
    "description": "A Vue.js project",//项目描述
    "author": "qietuniu",//作者名字
    "private": true,//是否私有
    "script": {
          //开发环境
         "dev": "webpack-dev-server --inline --progress --config build/webpack.dev.conf.js",
          //生产环境
         "build": "node build/build.js"      }
   //dependencies(项目依赖库)，若在安装时使用了--save，则表示写入到 dependencies 中
"dependencies"： {
         "axios": "^0.19.0",
         "vue": "^2.5.2"}
```

7.4.3　Webpack 常用的 Loaders 和插件

Webpack 是运行在 Node.js 之上的，一个 Loader 其实就是一个 Node.js 模块，这个模块需要导出一个函数，导出函数的工作就是获得模块处理前的原内容，对原内容执行处理后，返回其处理后的内容。Loader 就像一个翻译员，能将源文件转换后输出新的结果，且一个文件可以链式地经过多个翻译员的翻译。一个 Loader 的职责是单一的，只需要完成一种转换即可。如果一个源文件需要经历多步转换才能正常使用，则需要通过多个 Loader 去转换。在调用多个 Loader 去转换一个文件时，每个 Loader 会以链式的顺序执行，第一个 Loader 将会获取需处理的原内容，前一个 Loader 处理后的结果会传给后一个处理，最后的 Loader 将处理后的最终结果返回给 Webpack。所以，在开发一个 Loader 时，要保持

其职责的单一性，开发者只需关心输入和输出。

Webpack 运行的生命周期中会广播许多事件，插件可以监听这些事件，在合适的时机通过 Webpack 提供的 API 改变输出结果。

插件是一个扩展器，用来扩展 Webpack 的功能，针对的是 Loader 结束后 Webpack 打包的整个过程，它并不直接操作文件，而是基于事件的机制工作，即监听 Webpack 打包过程中的某些节点，执行广泛的任务。

（1）修改 Loader 选项。

```
// vue.config.js
module.exports = {
  chainWebpack: config => {
    config.module
      .rule('vue')
      .use('vue-loader')
        .loader('vue-loader')
        .tap(options => {
          // 修改选项
          return options
        })
```

提 示 **对于 CSS 相关 Loader 来说，本书推荐使用 css.loaderOptions 而不是直接链式指定 Loader。因为，每种 CSS 文件类型都有多个规则，而 css.loaderOptions 可以确保通过一个文件影响所有的规则。**

（2）添加一个新的 Loader。

```
//vue.config.js
module.exports = {
  chainWebpack: config => {
    // GraphQL Loader
    config.module
      .rule('graphql')
      .test(/\.graphql$/)
      .use('graphql-tag/loader')
        .loader('graphql-tag/loader')
        .end()
      // 还可以再添加一个 Loader
      .use('other-loader')
        .loader('other-loader')
        .end()
```

（3）替换规则中的 Loader。

```
// vue.config.js
module.exports = {
  chainWebpack: config => {
    const svgRule = config.module.rule('svg')
    // 清除已存在的所有 Loader
    // 如果不这样做，接下来的 Loader 会附加在该规则现有的 Loader 之后
    svgRule.uses.clear()
    // 添加要替换的 Loader
```

```
    svgRule
      .use('vue-svg-loader')
          .loader('vue-svg-loader')
```

7.5 案例——课程列表和教师列表管理页面

1. 案例描述

这里给出的是一个简单的课程列表和教师列表的管理网站，首页可以浏览课程和教师的信息。单击“课程列表”“教师列表”文字可以进入对应列表页，在列表页中可以添加课程信息、删除课程信息、添加教师信息和删除教师信息。课程和教师的名称的颜色是动态随机更新的。

2. 案例设计

（1）组件设计，案例所使用的组件包括 App.vue、mainContent.vue、teacher.vue 和 course.vue。

（2）路由配置。

（3）调用接口数据。

（4）在课程列表页和教师列表页中使用自定义指令随机显示课程名和教师名。

（5）使用 zui.css 实现页面风格设计。

3. 案例代码

（1）mian.js 的代码如下。

```
import Vue from 'Vue'
import App from './App'
import router from './router'
import Mint from 'mint-ui'
import axios from 'axios'
import   VueResource   from 'Vue-resource'
Vue.use(VueResource)
Vue.prototype.$axios = axios;
Vue.config.productionTip = false
Vue.directive('rainbow',{
            bind(el,binding,vnode){
                    el.style.color="#"+Math.random().toString(16).slice(2,8);
            }
})
new Vue({
  el: '#app',
components: { App },
template: '<App/>',
     router,
})
```

（2）路由 index.js 的代码如下。

```
import Vue from 'vue'
import VueRouter from 'vue-router'
import mainContent from '../views/mainContent.vue'
import course from '../views/course.vue'
```

```
import teacher from '../views/teacher.vue'
Vue.use(VueRouter)
const routes = [
  {
        path:'/',
        name:"mainContent",
        component:mainContent
  },
  {
        path:'/course',
        name:"course",
        component:course
  },
  {
        path:'/teacher',
        name:"teacher",
        component:teacher
  }
]
const router = new VueRouter({
  mode: 'history',
  base: process.env.BASE_URL,
  routes
})

export default router
```

（3）App.vue 的代码如下。

```
<template>
        <div id="app">
            <header id="header" class="bg-primary">
                <div class="navbar navbar-inverse navbar-fixed-top" id="navbar" role=
"banner">
                    <div class="container">
                        <div class="navbar-header">
                            <button class="navbar-toggle collapsed" type
="button" data-toggle="collapse" data-target=".zui-navbar-collapse">
    </button>
                            <a href="/" class="navbar-brand"><span class
="path-zui-36"><i class="path-1"></i><i class="path-2"></i></span><span class=
"brand-title">LOGO</span> <small class="format-pkg zui-version" data-fmt-text="{version}">
</small><i data-toggle="tooltip" id="compactTogger" data-placement="bottom" class="icon icon-
home"></i></a>
                        </div>
                        <nav class="collapse navbar-collapse zui-navbar-collapse">
                            <ul class="nav navbar-nav navbar-right">
                                <li>
                                    <a title="" href="" target="_blank"><i class="icon
icon-desktop"></i><span>登录</span></a>
                                </li>
                                <li>
```

```
                                        <a title="" href="" target="_blank"><i class="icon
icon-check-sign"></i><span>注册</span></a>
                                    </li>
                                    <li>
                                        <a title="" href="" target="_blank"><i class="icon icon-
user"></i><span>个人中心</span></a>
                                    </li>
                                </ul>
                            </nav>
                        </div>
                    </div>
                </header>
                <section>
    <keep-alive>
    <router-view></router-view>
    </keep-alive>
            </section>
            <footer>
    <div class="container">
    <hr>
    <p class="text-muted small">版权所有@文档版本外链主题</p>
    </div>
    </footer>
            </div>
    </template>
    <script>
            import MainContent from './components/mainContent'
            export default {
                name: 'App',
                components: {
            MainContent,
                }
            }
    </script>
    <style>
            #app {
                font-family: 'Avenir', Helvetica, Arial, sans-serif;
                -webkit-font-smoothing: antialiased;
                -moz-osx-font-smoothing: grayscale;
                text-align: center;
                color: #2c3e50;
                margin-top: 60px;
            }
    </style>
    Course.vue
    <template>
            <div class='user'>
                <h3>课程列表</h3>
                <ul>
                    <li v-for="user in users">
                        <h4 v-rainbow>{{user.name}}</h4>
```

```
                        <h4>{{user.website}}</h4>
                        <button v-on:click="deletUser(user)">删除</button>
                    </li>
                </ul>
                <form action="" method="get" v-on:submit="addUser">
                    <fieldset>
                        <legend>添加课程信息</legend>
                        章节内容：<input type="text" placeholder="请添加用户名" v-model=
"newUser.name">
                        发布人：<input type="text" v-model="newUser.website"><br>
                        <input type="submit" value="提交" />
                    </fieldset>
                </form>
            </div>
    </template>
    <script>
            export default {
                name: 'app-user',
                data() {
                    return {
                        newUser:{},
                        users: [{
                                name: '初识 Vue.js',
                                website: 'Dalian',
                                show: true
                            },
                            {
                                name: 'Vue.js 的内置指令',
                                website: 'Shenyang',
                                show: true
                            },
                            {
                                name: '过滤器',
                                website: 'Shanghai',
                                show: true
                            },
                            {
                                name: 'Vue.js 的过渡',
                                website: 'Beijing',
                                show: true
                            },
                            {
                                name: 'Vue.js 组件',
                                website: 'Shenzhen',
                                show: true
                            },
                            {
                                name: '自定义指令',
                                website: 'Dalian',
                                show: true
```

```
                        },
                        {
                                name: 'Vue.js 常见插件',
                                website: 'Jinan',
                                show: true
                        },
                        {
                                name: 'Vue 脚手架',
                                website: 'Qingdao',
                                show: true
                        },
                        {
                                name: '前端组件库',
                                website: 'Qingdao',
                                show: true
                        },
                    ]
                }
            },
            methods:{
                addUser:function(e){
                    e.preventDefault();
                    this.users.push({
                        name:this.newUser.name,
                        website:this.newUser.website,
                        show:true,
                    });
                },
                deletUser:function(user){
                    this.users.splice(this.users.indexOf(user),1);

                }
            },
        }
</script>
<style>
        .user {
                border: 1px solid gray;
                width: 80%;
                margin: 20px auto;
                padding-bottom: 10px;
        }
        .user ul {
                list-style-type: none;
        }
        .user li {
                width: 33%;
                float: left;
                text-align: center;
                border: solid 1px green;
```

```
            height: 100px;
        }
        .user h3,legend {
            color: red;
            font-size: 20px;
            font-weight: bold;
        }
        input[type=text]{
            width: 20%;
        }
        .user form{
            clear: both;
            padding-top: 20px;
        }
</style>
```

（4）teacher.vue 的代码如下。

```
<template>
        <div class='user'>
            <h3>教师列表</h3>
            <ul>
                <li v-for="teacher in teachers">
                    <h4 v-rainbow>{{teacher.name}}</h4>
                    <h4>{{teacher.website}}</h4>
                    <button v-on:click="deletUser(user)">删除</button>
                </li>
            </ul>
            <form action="" method="get" v-on:submit="addUser">
                <fieldset>
                    <legend>添加教师信息</legend>
                    姓名：<input type="text" placeholder="请添加用户名" v-model=
"newUser.name">
                    网址：<input type="text" v-model="newUser.website"><br>
                    <input type="submit" value="提交" />
                </fieldset>
            </form>
        </div>
</template>
<script>
        export default {
            name: 'app-user',
            data() {
                return {
                    info: null,
                    newUser:{},
                    teachers:[
                    {
                            name: '初识 Vue.js',
                            website: 'Dalian',
                            show: true
                        },
```

```
                    ],
                }
            },
            methods:{
                addUser:function(e){
                    e.preventDefault();
                    //console.log('hello');
                    this.teachers.push({
                        name:this.newUser.name,
                        website:this.newUser.website,
                        show:true,
                    });
                },
                deletUser:function(user){
                    this.teachers.splice(this.teachers.indexOf(user),1);
                }
            },
        mounted () {
    this.$axios
      .get('http://jsonplaceholder.typicode.com/users')
      .then(response => (this.teachers = response.data))
      .catch(function (error) {
        console.log(error);
      });
  }
        }
</script>
<style>
        .user {
            border: 1px solid gray;
            width: 80%;
            margin: 20px auto;
            padding-bottom: 10px;
        }
        .user ul {
            list-style-type: none;
        }
        .user li {
            width: 33%;
            float: left;
            text-align: center;
            border: solid 1px green;
            height: 100px;
        }
        .user h3,legend {
            color: red;
            font-size: 20px;
            font-weight: bold;
        }
        input[type=text]{
```

```
            width: 20%;
        }
        .user form{
            clear: both;
            padding-top: 20px;
        }
</style>
```

4. 案例解析

上述代码中的核心代码如下。

（1）路由配置的代码如下。

```
let router = new VueRouter({
        mode: 'history',
        routes: [
            {
                path: '/',
                component: MainContent
            },
            {
                path: '/detail',
                component: Detail
            },
            {   path: '/course',
                component: CourseList
            },
            {   path: '/teacher',
                component: TeacherList
            },
        ]
})
```

（2）调用接口数据的代码如下。

```
   this.$axios
       .get('http://jsonplaceholder.typicode.com/users')
       .then(response => (this.teachers = response.data))
       .catch(function (error) { // 请求失败处理
         console.log(error);
       });
  }
```

（3）注册自定义指令的代码如下。

```
Vue.directive('rainbow',{
        bind(el,binding,vnode){
            el.style.color="#"+Math.random().toString(16).slice(2,8);
        }
})
```

5. 案例运行

在浏览器地址栏中输入“http://localhost:8080/case”，案例首页效果如图 7-42 所示。

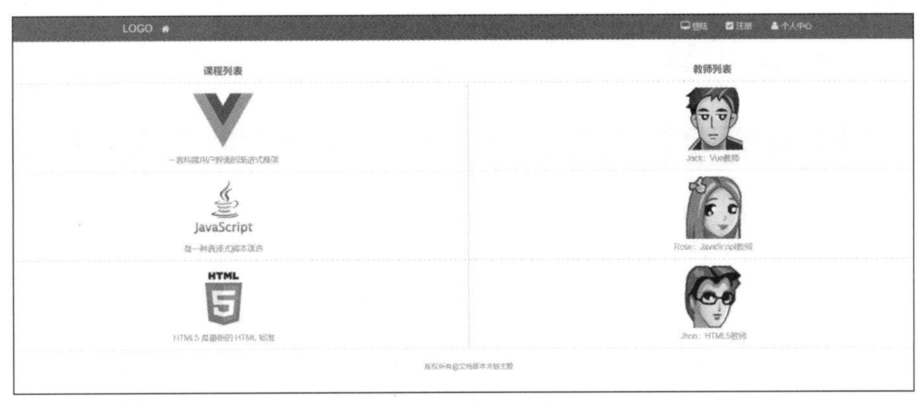

图 7-42　案例首页效果

单击“课程列表”文字或在浏览器地址栏中输入“http://localhost:8080/course”，可以显示课程列表，课程列表页效果如图 7-43 所示。

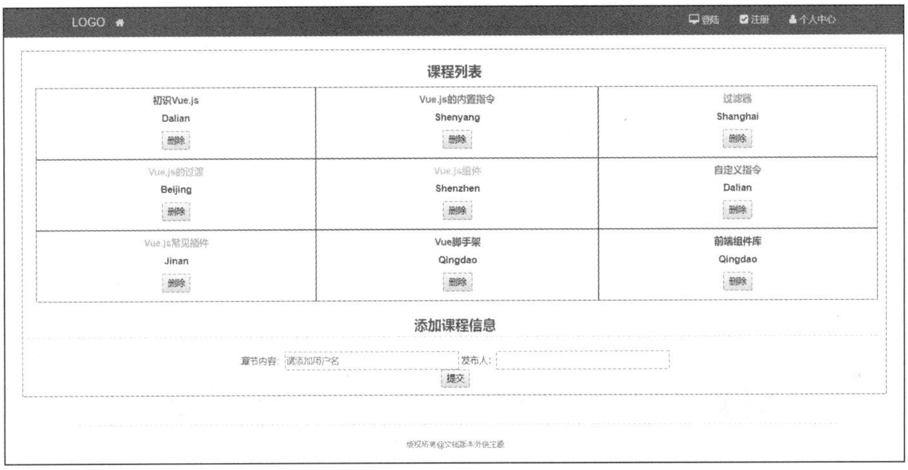

图 7-43　课程列表页效果

单击每门课程下面的“删除”按钮，可以删除课程，删除课程后的效果如图 7-44 所示。

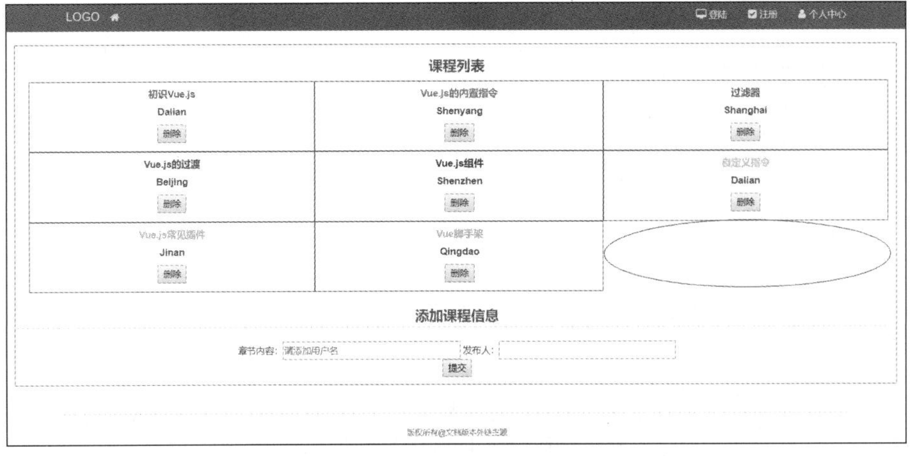

图 7-44　删除课程后的效果

单击“教师列表”文字或在浏览器地址栏中输入“http://localhost:8080/teacher”，可以显示教师列表。教师列表页效果如图 7-45 所示。

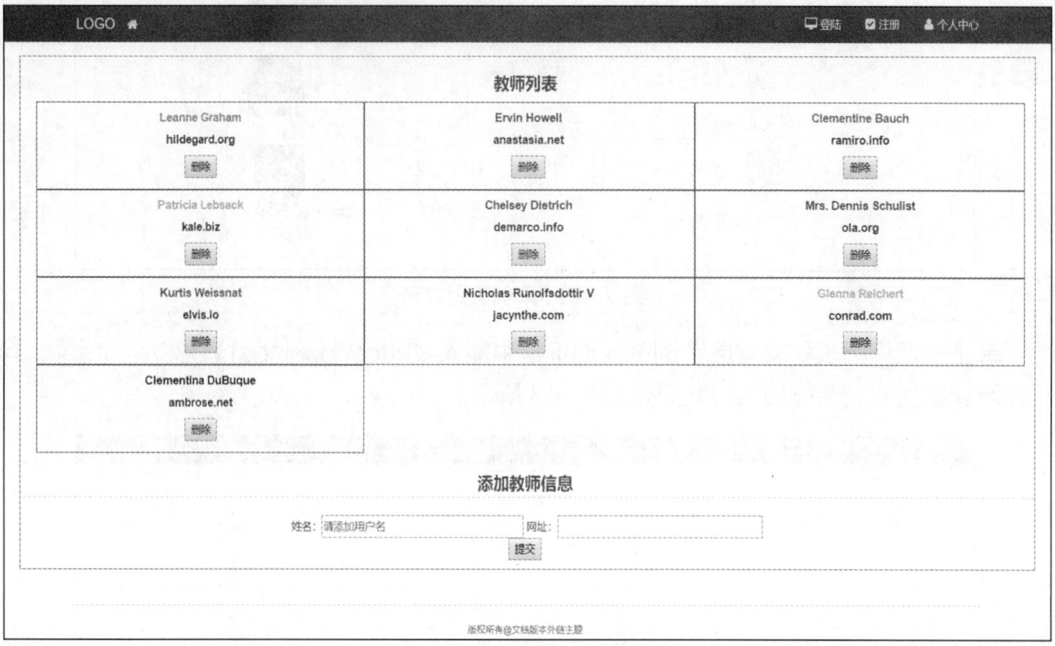

LOGO
登陆
注册
个人中心
教师列表
Leanne Graham
hildegard.org
删除
Ervin Howell
anastasia.net
删除
Clementine Bauch
ramiro.info
删除
Patricia Lebsack
kale.biz
删除
Chelsey Dietrich
demarco.info
删除
Mrs. Dennis Schulist
ola.org
删除
Kurtis Weissnat
elvis.io
删除
Nicholas Runolfsdottir V
jacynthe.com
删除
Glenna Reichert
conrad.com
删除
Clementina DuBuque
ambrose.net
删除
添加教师信息
姓名：请添加用户名
网址：
提交
版权所有@文档版本外链主题

图 7-45　教师列表页效果

在“姓名”“网址”文本框中输入教师姓名和网址，可以添加教师信息，并在页面中显示出来。添加教师信息后的效果如图 7-46 所示。

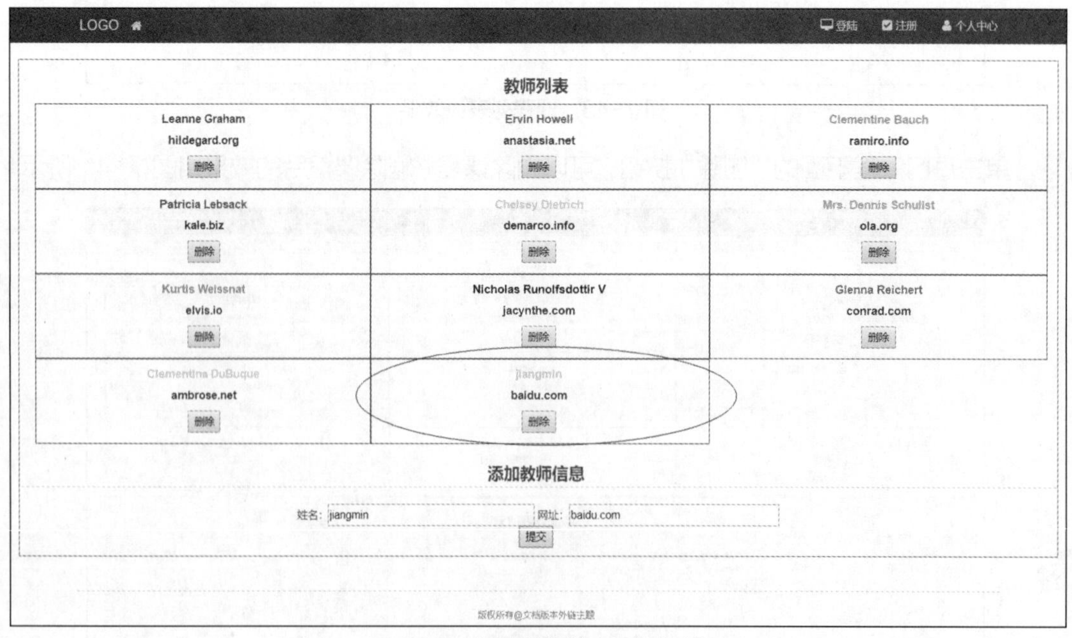

图 7-46　添加教师信息后的效果

7.6 本章小结

本章主要讲解了 Vue-CLI 脚手架，并结合 Vue-router、Axios 构建了一个简单的基于 Vue-CLI 的项目；介绍了 Webpack 应用，Webpack 是一个庞大的 Node.js 应用，实现一个完整的 Webpack 需要编写非常多的代码；最后讲解了如何实现一个利用脚手架开发项目的案例。

7.7 本章习题

1. 选择题

（1）Vue-CLI 的目录结构中用于存放静态资源的目录是（　　）。

A. assets　　B. public　　C. src　　D. build

（2）<router-link>组件支持用户在具有路由功能的应用中（单击）导航，通过 to 属性指定目标地址，默认渲染为带有正确超链接的（　　）标签。

A. a　　B. b　　C. link　　D. router

（3）使用命令行查看 NPM 版本的命令是（　　）。

A. npm –s　　B. npm –v　　C. npm –w　　D. npm -x

（4）以下命令中，可获取动态路由{path:'/user/:id'}中 id 的值的是（　　）。

A. this.$route.params.id　　B. this.route.params.id

C. this.$router.params.id　　D. this.router.params.id

（5）对于 Vue 项目中使用 keep-alive 的描述中正确的是（　　）。

A. keep-alive 是 Vue 内置的一个组件，可以使被包含的组件保留状态，或避免重新渲染

B. router-view 是一个组件，如果直接被包含在 keep-alive 中，则所有路径匹配到的视图组件都会被缓存

C. keep-alive 中包含多个组件，不能设置其中的某个组件被缓存

D. 可以通过$route.meta.keepAlive 判断组件是否被缓存了

（6）当 style 标签具有（　　）属性时，其 CSS 将仅应用于当前组件的元素上。

A. component　　B. class

C. scoped　　D. scope

（7）以下选项中可以进行路由跳转的是（　　）。

A. push()　　B. replace()　　C. route-link　　D. jump()

（8）Vue-CLI 初始化后生成的目录结构中包含了很多文件夹及文件，其中，src 文件夹中包含（　　）。

A. assets：用于放置一些图片，如 Logo 等

B. components：目录中存放了一个组件文件，可以不用

C. App.vue：项目入口文件，也可以直接将组件写于其外，而不使用 components 目录

D. main.js：项目的核心文件

（9）（　　）不是 Vue-router 的导航钩子。

A. 全局导航钩子　　B. 组件内导航的钩子

C. 页面钩子　　D. 路由独享的钩子

2. 简答题

（1）简述单页面应用的优缺点。

（2）如何定义动态路由？如何获取动态参数？

（3）简述嵌套路由的定义及使用方法。

第 8 章 Vuex

内容导学

当在开发应用程序时，开发者一定会分解出很多组件，而各个组件之间经常需要进行通信。本书前面介绍过使组件之间通信的方法，但随着应用的不断扩展、变化，事件变得越来越复杂，越来越不可预料，以至越来越难调试，越来越难追踪错误。开发者希望各个组件和数据都是易维护、可扩展和易调试的，所以，数据管理模式应运而生。Vuex 是一个专门为 Vue.js 应用程序开发的状态管理模式。

学习目标

① 了解 Vuex。
② 熟悉 Vuex 的安装与使用。
③ 熟悉 Store 对象。
④ 能够使用 Vuex 存储数据。

8.1 Vuex 概述

Vuex 是完整的 Vue.js 解决方案中的一个重要组成部分，是一个专为 Vue.js 应用程序开发的状态管理模式。

此状态管理模式中，包括状态（state）、视图（view）和行为（actions）。state 表示应用中和状态相关的数据，view 在视图中显示 state 表示的数据，actions 相应的 view 中的用户操作可以改变 state，state 改变后将在视图上显示出来，这是 MVVM 模式下的视图和数据的相应模式，也是一种单向的数据流，即 view 驱动 actions，actions 修改 state，state 被修改后 view 同时发生改变。图 8-1 所示为 Vuex 的单向数据流。

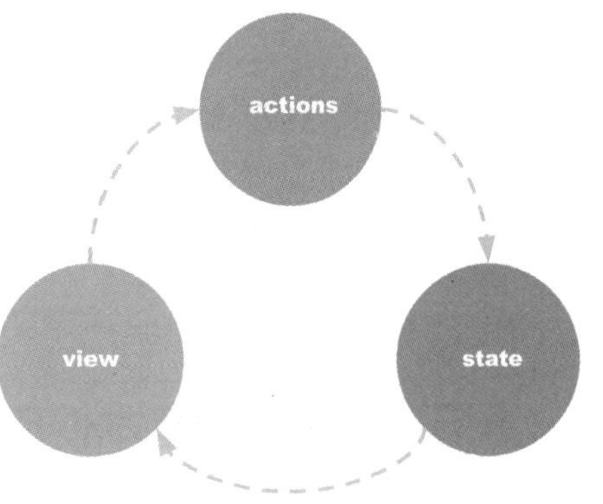

图 8-1　Vuex 的单向数据流

在 Vue.js 中，经常需要在各个组件间共享相同的状态，即当一个状态发生改变的时候，所有组件中的该状态都会改变。

前面所说的状态，就是数据中可以在多个组件间共享的部分，这部分是一些具体的数据，如登录信息、购物车信息，该信息会在多个组件中被用到。多个组件中共同用到的信息应该是相同的，一旦发生改变，所有组件中的该信息都会变化。

可以使用全局对象来完成上述共享状态的功能，但 Vuex 和全局对象不同，Vuex 中的每个状态的变化都可以被保存、被跟踪，以便于对整个状态的变化过程进行管理，且 Vuex 对整个状态变化的管理提出了一整套的解决方案，可以安全、即时地对状态进行高效的管理。并且 Vuex 具备可扩展性，能够处理同步、异步的状态变化。

Vuex 可以有效地解决组件间的通信问题，可以跟踪每一个状态的变化，对组件中的数据流进行单向的、可预期的管理。Vuex 采用集中式存储管理应用程序中所有组件的状态，避免了组件之间的传参、嵌套传参等形式的低效、不可扩展的信息共享方式。

Vuex 借鉴了 Flux、Redux 和 The Elm Architecture。Vuex 是专门为 Vue.js 设计的状态管理库，以利用 Vue.js 的细粒度数据响应机制来进行高效的状态更新。

Vuex 不适用于简单的应用——对于简单的应用，它太过烦琐，而适用于中大型单页应用。当多个组件需要使用同一状态时，适合使用 Vuex，这是中大型应用中的常用需求。

Vuex 是少有的在 Vue.js 官网上列出的扩展，Vuex 也集成到了 Vue 的官方调试工具 DevTools 中。Vuex 不是学习和使用 Vue.js 的一个可选项，而是必选项。

8.2 Vuex 的安装

可以在网页中直接使用 Vuex，在下载 Vue.js 和 Vuex 的 JavaScript 文件之后，在网页中通过 script 标签引入，代码如下。

```
<script src="js/Vue.js"></script>
<script src="js/Vuex.js"></script>
```

推荐在 Vue.js 的脚手架中安装和使用 Vuex，本节主要对 Vue-CLI 中的 Vuex 的安装和使用进行说明，这是主流的构建项目方式，其主要步骤如下。

（1）创建一个新的项目。

在命令行中，进入项目目录，运行下列命令。

```
vue create <项目名>
```

提示 **创建一个新项目的前提是已安装完成 Node.js 和 Vue-CLI（脚手架版本为 3.0 及 3.0 以上）。**

配置项目时选择安装 Vuex，脚手架会自动安装并配置 Vuex。

（2）在项目中使用 Vuex。

在 store 目录的 index.js 中定义 Vuex 的 Store 对象后，即可在项目中使用 Vuex。

8.3 Vuex 的基本使用

Vuex 应用的核心就是 Store。Store 中包含了各种 Vuex 的状态和操作状态的方法，主要包括 state、mutations、getter 和 actions。

8.3.1 Store 概述

在 Vuex 中，state 表示 Vuex 的状态，和 Vue 对象的 data 类似，getter 和 Vue 对象

的 computed 类似，mutations 和 Vue 的 methods 类似，actions 是一种特殊的方法，用于处理异步等特殊情况，和封装或调用了已有方法的方法类似。

在 Vue 对象中定义了 Vuex 的 Stroe 对象之后，各个组件可通过 this.$store 访问 Vuex 的 Store 对象。

Vue 组件（视图）通过 Dispatch 的方式调用 actions。一般而言，actions 中封装的是异步操作，常见的是对后台服务器数据的调用。actions 通过 Commit 的方式调用 mutations，只有在 mutations 中才能修改 state。state 修改之后会自动在视图或 Vue 组件中显示，Vuex 的 state 可以在 Vue 的调试工具 DevTools 中查看、调试。Vuex 基本流程如图 8-2 所示。

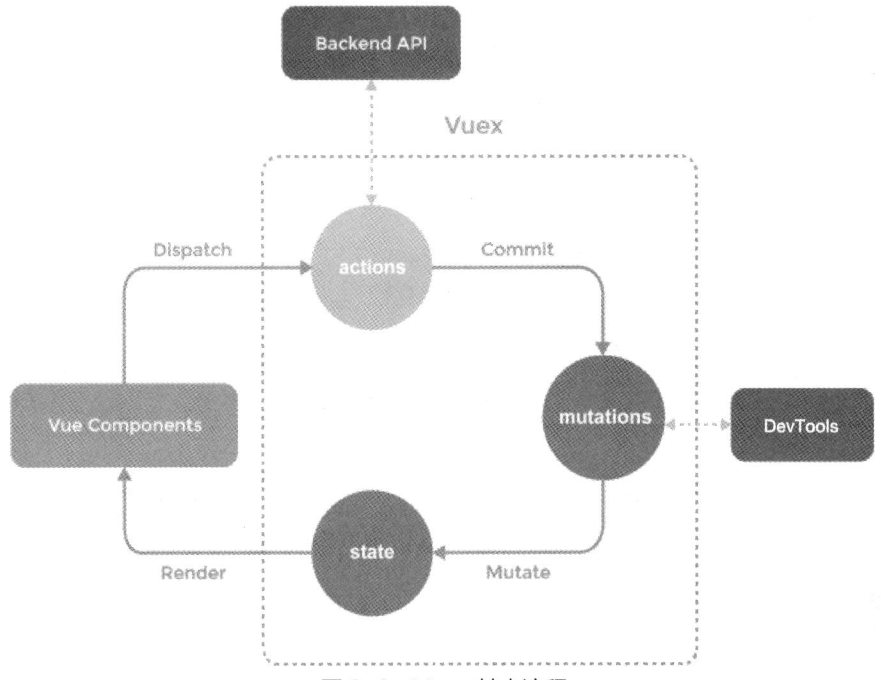

图 8-2　Vuex 基本流程

在定义 Store 对象的时候可以选择严格模式，即 strict:true。在严格模式下，必须通过 mutations 修改 state，不能直接修改 state，否则会报错，官方推荐使用严格模式。

Vuex 能够保存 state 的每一次变化过程，可以对变化过程进行记录、查看、回滚等。

8.3.2　Vuex 的使用

在之前创建的 store 目录的 index.js 文件中引入 Vue 和 Vuex，创建 Vuex 实例，使用“export default”命令将 Vuex 的信息通过 Vuex.Store 对象暴露出来，以便于其他组件使用 Vuex。

引入和定义 Vuex 的代码如下，其中，state 是常用的 Vuex 的状态对象。

```
import Vue from 'Vue'
import Vuex from 'Vuex'
Vue.use(Vuex)
const state = {
  isLogin: false
```

```
}
export default new Vuex.Store({
  state
})
```

在复杂的应用场景下，Vuex 需要定义和导出的对象更多，主要包括 state、getters、actions 和 mutations，代码如下。

```
export default new Vuex.Store({
  state,
  getters,
  actions,
  mutations
});
```

要想在其他组件中使用 Vuex，需要先在项目的 main.js 中定义 Vuex 对象，此后，各个组件即可直接在代码中使用 Vuex 的 Store 对象。

main.js 中的代码如下，需要先引入 Vuex 的 Store 对象，再在 Vue 对象中定义 Vuex 的 Store 对象。

```
import store from './store'/* 引入 store */
new Vue({
 el: '#app',
 router,
 components: { App },
 template: '<App/>',
 store/* 定义 Store 对象 */
})
```

经过以上定义后，即可在各个组件中使用 Vuex，其语法格式示例如下。

```
this.$store.state.isLogin
```

8.4 Vuex 的复杂使用

Store 对象中主要包括 state、mutations 和 actions。state 中定义了数据，即公共的状态信息，通过 mutations 对 state 中的各个状态进行更改。actions 也不能直接修改 state，而只有在 actions 中引用 mutations 后才能修改 state。也就是说，mutations 是修改 state 的唯一方式。

8.4.1 mutations

mutations 就是 Vuex 对象中的 methods，它必须是同步函数。每个 mutation 都有一个字符串的事件类型和一个回调函数，这个回调函数就是实际进行状态更改的地方，并且它会接收 state 作为第一个参数，payload 作为第二个参数（额外的参数）。

可以使用 commit 方法调用 mutations，语法示例：

```
this.$store.commit('mutations 名称',value)
```

下面以计数器实例对 Vuex 的编写进行说明。计数器的基本功能是可以增加和减少数字。增加和减少的数字可在多个组件中共享，这个数据在程序中被命名为 count，对它操作的方法需要写在 mutations 中，一个为 add（增加 1），一个为 minus（减少 1）。项目的具体步骤如下。

（1）新建项目与目录结构。使用脚手架新建一个 Vue 项目，在 src 目录中新建一个目录 store，在 store 中新建一个文件 index.js。

（2）定义与编写 Vuex。在 store 目录的 index.js 中，编写计数器的代码，代码如下。

```
import Vue from 'Vue'
import Vuex from 'Vuex'
Vue.use(Vuex);
//导入和使用 Vuex
// 定义 state 并给定初始值
const state={
  count:0,//计数器
}
// 定义 mutations
const mutations = {
  //计数器 count 增加 1
  add(state){
   state.count++;
  },
  //计数器 count 减少 1
  minus(state){
   state.count--;
  }
}
// 对外暴露接口
export default new Vuex.Store({
  state,
  getters,
  actions,
  mutations
});
```

（3）编写组件，在组件中修改 state 中的数据 count。在 components 目录中新建文件 count.vue，编写组件 count，具体代码如下。

```
<template>
 <div class="box">
    <button @click="add">+</button>
    <input type="text" v-model="count" id="counter">
    <button @click="minus" :disabled="!count">-</button>
</div>
 </template>
 <script>
 export default {
   name: 'count',
computed:{
   count:function(){ return  this.$store.state.count },
 },
 methods:{
   add(){
       this.$store.commit("add");
```

```
    },
    minus(){
      this.$store.commit("minus");
    }
  }
}
</script>
<style scoped>
  #counter{
    width:20px;
    color:#666;
    border-radius: 5px;
    text-align:center;
  }
  #box{margin:5px;}
</style>
```

如图 8-3 所示，此页面中使用了两个 count 组件，下面的导航中引用了 count。单击任意一个 count 组件进行加或者减的操作，其他组件中引用 count 的部分都会同时发生改变，各个组件共享同一个 count 的值。

图 8-3　计数器的应用

在组件的 add 方法中，通过“this.$store.commit("add")”调用了 Vuex 的 mutations 中定义的 add。

8.4.2　actions

和 mutations 相似，actions 可以修改 Vuex 的状态。actions 可以进行异步操作，而 mutations 不能进行异步操作，只能进行同步操作。actions 不能直接改变状态，修改状态需要在 actions 内部执行提交（commit）操作，调用 mutations。当执行异步操作，如读写本地存储器、发送 Ajax 请求、延时执行等时，需要使用 actions 完成。

通过 dispatch 方法调用 actions，语法示例如下。

```
this.$store.dispatch('actions 名称',value)
```

定义 actions 方法时，方法的第一个参数是 context，该参数和 Store 对象具有相同对象属性。在定义时，该参数一般赋值为{commit, state }或{commit}。

下面完成一个登录的实例，用户可以登录、退出登录、在 5s 后退出登录。这是在本节中要实现的登录实例的基本功能。在以后的章节中，此功能的场景将被扩展到统计在线的已登录的用户人数（in）、未登录的用户人数（out）、在线的用户总数，用户可以增加虚拟的已登录用户或未登录用户的数量。这里，项目的具体步骤如下。

（1）在之前的计数器项目中继续完成各操作。

（2）定义与编写 Vuex。在 store 目录的 index.js 中编写 Vuex 的代码。

```
import Vue from 'Vue'
import Vuex from 'Vuex'
Vue.use(Vuex);
//导入和使用 Vuex
// 定义 state 并给定初始值
const state={
    isLogin:false,//用户是否登录
    in:2,//已登录用户人数
    out:0,//未登录用户人数
    loginNum:0,//虚拟用户人数
    count:0,//计数器
}

// 定义 actions，注意参数的不同形式
const actions = {
  //计数器减少
  minus(context){
     context.commit("minus");
  },
  //5s 后退出登录
  tlogout({commit}){
    setTimeout(()=>{
       commit('logout');
    },5000)
  }
}
// 定义 mutations
const mutations = {
   //计数器 count 减少 1
   minus(state){
      state.count--;
   },
   //登录
   login(state){ //登录
     state.isLogin=true;
     state.in++;
   },
   logout(state){//退出登录
     state.isLogin=false;
     state.in--;
   }
}
export default new Vuex.Store({
   state,
   getters,
   actions,
   mutations
});
```

(3) 编写组件，在组件中修改 state 中的数据 count。

```
<template>
 <div class="login">
  <h1>登录管理，单击框内的文字登录或退出登录</h1>
  <h2 v-if="!isLogin" @click="login">未登录，单击登录</h2>
  <h2 v-else @click="logout">已登录，单击退出登录</h2>
 <button @click="tlogout">5 秒后退出</button>
  </div>
</template>
<script>
export default {
 name: 'login',
 computed:{
  isLogin:function(){ return  this.$store.state.isLogin}
 },
 methods:{
  login(){
   this.$store.commit('login');
 },
 logout(){
  this.$store.commit('logout');
 },
 tlogout(){
   this.$store.dispatch('tlogout');
  }
 }
}
</script>
<style>
 .login h2{
  border:1px dashed #aaa;
  padding:20px;
  width:50%;
  margin:20px auto;
 }
</style>
```

(4) 项目的运行与说明。

实例运行效果如图 8-4 所示。

图 8-4　实例运行效果

实例的相关要点说明如下。

（1）只能使用 dispatch 方法调用 actions，不能使用 commit 方法调用 actions，例如，上述代码中的 tlogout 调用了名称为 tlogout 的 action。

（2）只能使用 commit 方法调用 mutations，不能使用 dispatch 方法调用 mutations。

（3）actions 中必须通过调用 mutations 来完成对 state 的修改，例如，上述代码中名称为 tlogout 的 action 中调用了名称为 logout 的 mutation。

（4）actions 中可以包括异步操作，对服务器端的调用都需要在 actions 中实现；mutations 中只能包括同步操作。

（5）actions 可以有两个参数。代码中 minus 和 tlogout 的第一个参数的写法不同，第二个参数是传递进来的参数，可参考 8.5 节中案例的参数格式。

（6）在组件中使用计算属性来保存 state 中的数据。

8.4.3 getters

getters 和 Vue 对象中的计算属性类似。在组件中，一般使用 getters 来获取 state。getters 的返回值会根据它的依赖值被缓存起来，只有当它的依赖值发生了改变时才会被重新计算。getters 可以监听 state 中值的变化，返回计算后的结果。

getters 不一定会被用到，其适用于有多个子组件的场景中。mapGetters 可将 Store 对象中的 getters 映射到局部计算属性。

前面介绍的登录实例 getters 的定义如下，allNum 为登录的总人数，包括未登录的游客和已登录的用户的总数。getters 定义在 index.js 中。

```
//定义 getters
const getters = {
  allNum:(state)=>{
      return state.in+state.out
  }
}
```

8.4.4 mapState、mapMutations、mapActions 和 mapGetters

当程序中的 state、mutations 和 actions 的数量比较多时，可使用一种简单的方式来批量定义这些对象，即通过 mapState、mapMutations、mapActions 和 mapGetters 一次性定义多个对象。这种方式没有提供额外的功能，只是简化了定义 state、mutations、actions 和 getters 的语法结构。

以 state 和 mapState 为例，当一个组件需要获得 Store 对象中的多个状态时，需要将这些状态都定义为计算属性，这样的定义形式比较烦琐，不够简约。mapState 可以更简单地定义多个计算属性。

如果要在程序中使用 mapState，则需要在使用之前在代码中将其引入，参考代码如下。

```
import { mapState } from 'Vuex'
```

可以使用扩展运算符来定义 map，如对 mapActions 的定义代码参考如下。

```
...mapActions(['add', 'minus', 'login', logout'])
```

上述代码为组件定义了多个 method，定义后不需要编写每个 method 的具体代码。同样，定义 mapState、mapGetters 等后也不需要编写对应的代码。

具体的实例和语法可参考 8.5 节中的 fnav 组件。

8.4.5 模块化

如果只定义一个 Store 对象，Store 对象中将包含很多内容，当编写复杂的应用时，Store 对象占用的内存可能非常大，会影响程序的读取效率和编写效率。

Vuex 采用了模块化的方法解决上面的问题，即将程序划分为多个模块，每个模块都拥有自己的 state、mutations、actions、getters，这样可以有效提高程序的运行效率，并提高代码的可阅读性和可维护性。

示例代码如下，该示例将代码分为 counter（计数器）和 login（登录）两个模块。

```
export default new Vuex.Store({
 modules:{
      counter:{
          states,
          mutatons,
          getters,
          actions
          },
      login:{}
    }
});
```

8.5 案例——虚拟用户管理功能

1. 案例描述

在之前各节实例的基础上完成虚拟用户管理功能，虚拟用户管理是指可以手工添加在线登录用户或者未定义用户的数量。另外，登录和退出登录都会影响到在线的总人数。

2. 案例设计

定义一个导航组件 fnav，该导航显示所有的 state 的信息包括 count（计数器的值）、out（未登录用户人数）、allNum（登录的总人数，包括已登录的用户和未登录的游客）、isLogin（用户是否登录）。

在每一个页面中加入 fnav，这样可以在操作每个组件时看到其他组件中 state 的值是否会同步发生变化，以便于查看 state 的共享状态效果。

3. 案例代码

（1）可以在之前的计数器的实例上继续完成各功能，也可以新建项目。

（2）定义与编写 Vuex。在 store 目录的 index.js 中编写 Vuex 的代码，代码如下。

```
import Vue from 'Vue'
import Vuex from 'Vuex'
Vue.use(Vuex);
//导入和使用 Vuex
// 定义 state 并给定初始值
const state={
  isLogin:false,//用户是否登录
```

```
    in:2,//已登录用户人数
    out:0,//未登录用户人数
    loginNum:0,//虚拟用户人数
    count:0,//计数器
}
// 定义 actions，注意参数的不同形式
const actions = {
  //增加虚拟用户数量
  addlogNum({ commit, state},loginNum){
    commit('addLogNum',loginNum);
  }
}
// 定义 mutations
const mutations = {
    //计数器 count 增加 1
    add(state){
     state.count++;
    },
    //计数器 count 减少 1
    minus(state){
     state.count--;
    },
    //登录
    login(state){ //登录
     state.isLogin=true;
     state.in++;
    },
    logout(state){//退出登录
     state.isLogin=false;
     state.in--;
    },
    //增加虚拟用户数量，flag 用于区分在线虚拟用户和离线虚拟用户
  //mutations 的方法只能有两个参数，要传递多个参数时，多个参数都写在第二个参数中
  addLogNum(state,{loginNum,flag}){
    if(flag)
     state.in+=loginNum;
     else state.out+=loginNum;
       state.loginNum=loginNum;
    }
}
// 对外暴露接口
export default new Vuex.Store({
    state,
    getters,
    actions,
    mutations
});
```

（3）编写组件 fnav，代码如下。

```
<template>
  <div class="fnav">
```

```
    <router-view></router-view>
   <router-link to="/">首页，计数器组件{{count}}</router-link>
    <router-link to="/Vuexc">虚拟用户管理组件</router-link>
    <router-link to="/login">登录组件</router-link>
    <a href="#">在线游客: {{out}}</a>
    <a href="#">在线总人数:{{allNum}}</a>
    <router-link to="/login" v-if="isLogin" class="login">已登录</router-link>
    <router-link to="/login" v-else class="login">未登录</router-link>
  </div>
  </template>
  <script>
  import { mapState, mapGetters} from 'Vuex'
  export default {
    name: 'fnav',
    computed:{
     //一次性定义多个计算属性，计算属性都来源于 Vuex 的 state
    ...mapState([
       'isLogin',
       'in',
       'out',
       'loginNum',
       'count'
    ]),
    //mapState 和 mapGetters 的语法结构相同，这里给出了常用的两种定义语法
    ...mapGetters({
      allNum: 'allNum'
     })
    }
  }
  </script>
  <style scoped>
     .fnav{
       display:flex;
       padding:20px 5%;
       line-height:36px;
       text-align:center;
      }
     .fnav a{
       width:50%;
       text-decoration: none;
       margin:5px;
       background-color:#039;
       font-size:16px;
       color:#fff;}
     .fnav>.login{
       flex-shrink:0;
       width:80px;
       font-size:14px;
       background-color:#333;
       margin-left:10px;
```

```
      color:#fff;
      line-height:30px;
      height:36px;
      border-radius: 20px;
    }
  </style>
```

（4）编写组件虚拟用户管理 addNum。该组件和 fnav 组件相互独立，但操作的数据都来源于 Vuex，代码如下。

```
<template>
  <div class="box">
    <h2>虚拟用户管理，手工增加已登录或未登录的用户数量</h2>
      <div>
        <label for="login">登录用户</label>
        <input type="radio" name="flag" checked id="login" @click="flag=true"/>
        </div>
      <div>
        <label for="notlogin">未登录用户</label>
        <input type="radio" name="flag"  id="notlogin" @click="flag=false"/>
      </div>
        <input type="number" v-model="num"/>
      <button @click="addLogNum">增加</button>
  </div>
  </template>
  <script>
  export default {
    name: 'addNum',
    data() {
      return {
        flag: true,
        num:0
      }
    },
  computed:{
    loginNum:function(){ return this.$store.getters.allNum}
  },
  mounted(){
    this.num=this.loginNum;
  },
  methods:{
    addLogNum(){
      this.$store.commit('addLogNum',{loginNum:parseInt(this.num),flag:this.flag});
    }
  }
}
</script>
<style scoped>
  .box>div{
    display:inline-block;
    margin:10px;
    padding:10px;
```

```
    border:1px dashed #ccc;
    }
  </style>
```

（5）编写路由 Vue router。router 目录的 index.js 中编写如下代码。

```
import Vue from 'Vue'
import Router from 'Vue-router'
import HelloWorld from '@/components/HelloWorld'
import Vuexc from '@/components/Vuexc'
import login from '@/components/login'

Vue.use(Router)
export default new Router({
  routes: [
   {
    path: '/',
    name: 'HelloWorld',
    component: HelloWorld
   },
   {
    path: '/Vuexc',
    name: 'Vuexc',
    component: Vuexc
   },
   {
    path: '/login',
    name: 'login',
    component: login
   }
  ]
})
```

4. 案例解析

（1）fnav 组件中使用了 mapState 和 mapGetters，并使用了扩展运算符的定义方法，其参数有以下两种形式。

```
...mapState([
    'isLogin',
    'in',
  ]),
  ...mapGetters({
   allNum: 'allNum'
    })
```

数组的定义形式非常简单，在对象的定义形式中，程序中的名称和 Vuex 中的名称可以不相同。

（2）addNum 组件需要向 mutations 传递参数，mutations 只能有两个参数，如果需要传递多个参数，例如，该案例中需要传递增加的人数和增加的类型（登录、未登录），则需要将传递的多个参数封装为一个对象。

在复杂的应用中，可以为每个模块、每个 mutation、每个 action 等建立单独的文件，将 Vuex 的各个部分模块化。对 Vuex 进行模块化，可以更好地管理项目中的状态，使项目的维护更加简单高效，使各个模块之间的开发互不影响。

5. 案例运行

案例运行效果如图 8-5 所示。

图 8-5 案例运行效果

8.6 本章小结

本章对 Vue 中的状态管理模式 Vuex 进行了详细介绍，讲解了如何对 Vuex 进行安装，讲解了 Vuex 中的 mutations、actions、getters，并讲解了实现虚拟用户管理功能的案例。

8.7 本章习题

1. 简答题

（1）Vuex 有哪几种状态和属性?

（2）Vuex 的 state 特性有什么作用?

（3）Vuex 的 getters 特性有什么作用?

（4）简述 Vuex 的优势。

2. 编程题

使用 Vuex 实现简单购物车功能，包括购物车相关商品列表的显示、购物车的创建、添加商品、删除商品和清空商品等操作。

第 9 章 跨平台开发Weex

09

内容导学

Weex 是比较流行的使用 Web 开发语言来开发高性能原生应用的框架。它致力于使开发者基于通用跨平台的 Web 开发语言和开发经验，来构建 Android、iOS 和 Web 应用。由于 Vue 是最广泛应用于 Weex 开发的前端框架，因此本章将会带领读者学习如何开发 Weex 程序。

学习目标

① 了解 Weex。
② 熟悉 Weex 的安装与运行。
③ 熟悉 Weex 的基础语法。

9.1 Weex 简介及安装

对于移动开发者来说，Weex 主要解决了应用频繁发布版本和多端研发两大问题，同时解决了前端语言性能差和显示效果受限的问题。

1. 什么是 Weex

Weex（读音/wi：ks/，和 Weeks 同音）是使用流行的 Web 开发体验来开发高性能原生应用的框架。在集成了 Weex SDK 之后，开发者可以使用 JavaScript 语言和前端开发经验来开发移动应用。

Weex 的目标就是使开发者可以基于一份代码，编写出可以运行在 Android、iOS 和 Web 上的应用，并最大化地提高开发效率和简化测试、构建、发布流程。

2. Weex 中的前端框架

Weex 应用需要依赖前端框架来编写，但 Weex 并没有绑定、限制在特定的框架上。目前，Vue 和 Rax 是广泛应用于 Weex 开发的前端框架。

3. Weex 安装

Weex 提供了在线编辑器，但如果想更专业地使用 Weex，就要学习如何安装本地 Weex 的开发环境。

首先，确保已经安装了 Node.js 和 NPM。

其次，运行下面的命令，安装最新的 Beta 版本工具。

```
#OSX 环境
$ sudo chmod -R 777 /usr/local/lib/node_modules/
$ npm i -g weex-toolkit // 安装时不要使用 sudo 命令运行工具
```

```
$ weex -v // 查看当前 Weex 的版本
#Windows 环境
$ npm i -g weex-toolkit
$ weex -v // 查看当前 Weex 的版本
```

9.2 创建一个 Weex 项目

本节通过创建一个简单的 Weex 项目来详细说明项目初始化、开发、编译和运行、调试的过程。

1. 初始化

使用“weex create”命令创建一个空的模板项目，示例如下。

```
weex create awesome-app
```

命令执行完毕后，当前目录的 awesome-app 文件夹中就有了一个空的 Weex+Vue 项目。

2. 开发

进入刚刚创建的文件夹，安装依赖包，并启动 NPM。

```
cd awesome-app
npm install
npm start
```

此时，一个本地的 Web 服务即刻启动，监听 8081 端口。开发者可以在自动打开的浏览器中查看 Weex 项目在 Web 下的渲染效果，如图 9-1 所示。

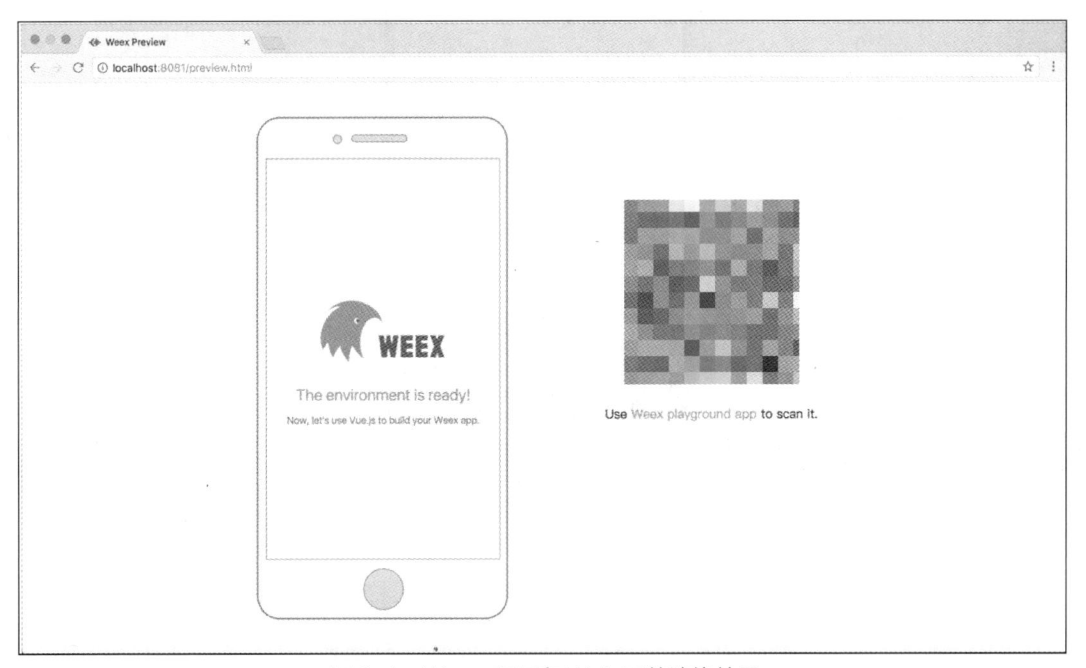

图 9-1　Weex 项目在 Web 下的渲染效果

在浏览器的右侧生成了一个二维码，使用 Weex Playground APP 扫描这个二维码可以看到 Weex 项目在手机上渲染的真实效果。

3. 编译和运行

默认情况下，“weex create”命令并不会初始化 Android 和 iOS 项目，可以通过使用“weex platform add”命令来添加特定平台的项目。

```
weex platform add ios
weex platform add android
```

为了能在本地机器上打开 Android 和 iOS 项目，开发者应该配置客户端的开发环境（Android 的开发环境为 Android Studio，iOS 的开发环境为 Xcode）。当开发环境准备就绪后，运行以下命令，可以在模拟器或真实设备上启动应用，否则会报错。

```
weex run ios
weex run android
weex run web
```

提 示　**运行命令前，必须先启动模拟器或者已经连接移动设备。Weex 项目在 Android 手机上的渲染效果如图 9-2 所示。**

图 9-2　Weex 项目在 Android 手机上的渲染效果

此时，打开 Weex 项目修改 src 目录中的.vue 文件，修改的内容会立刻生效。

4. 调试

weex-toolkit 提供了强大的调试功能，执行以下命令后可启动调试控制台。

```
weex debug
```

此时，程序将会自动进入图 9-3 所示的 Weex 项目 Web 调试界面。

使用 Weex Playground App 扫描图 9-3 所示的二维码，进入调试控制台。Weex 项目 Web 调试控制台初始界面如图 9-4 所示。

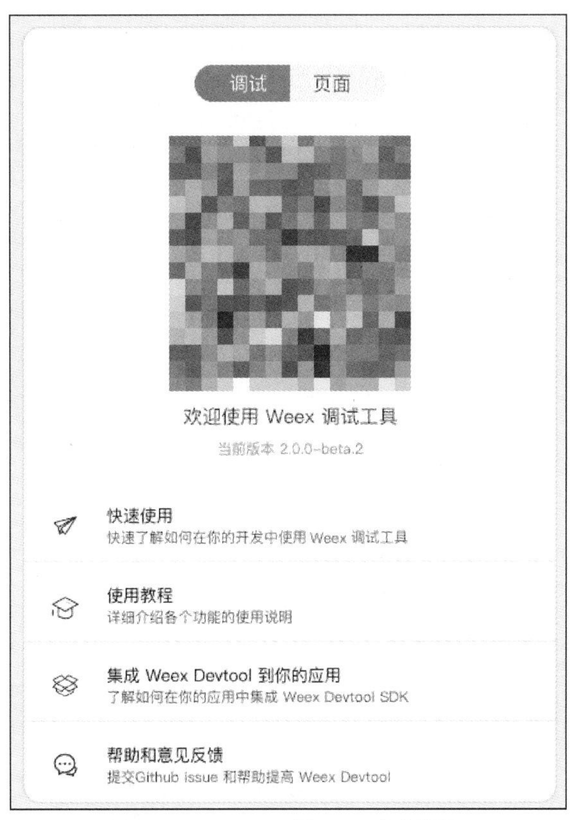

图 9-3　Weex 项目 Web 调试界面

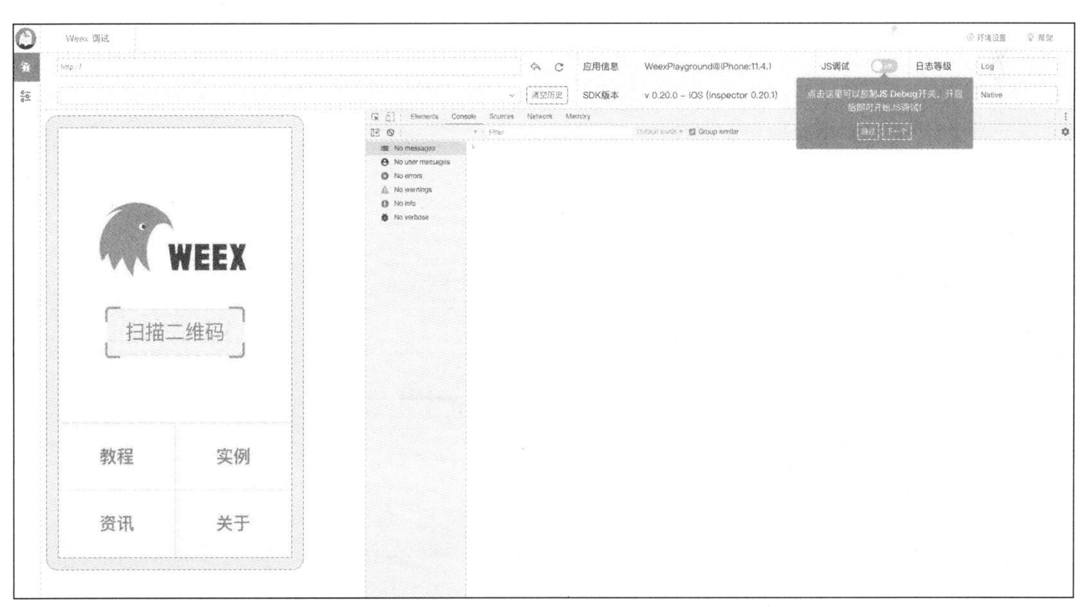

图 9-4　Weex 项目 Web 调试控制台初始界面

启用“JS 调试”功能即可进入 Weex 代码调试模式，其 JS 调试界面如图 9-5 所示。

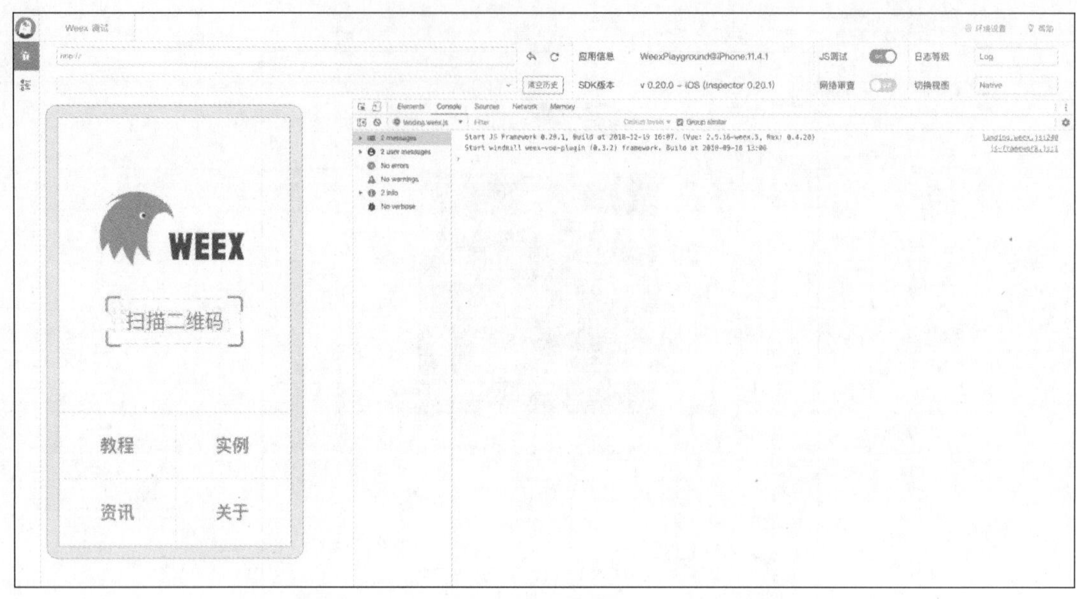

图 9-5 Weex 项目 Web 调试控制台 JS 调试界面

9.3 Weex 的生命周期

Weex 对 Vue 的生命周期函数支持情况如表 9-1 所示。

表 9-1 Weex 对 Vue 的生命周期函数支持情况

Vue 生命周期函数	支持情况
beforeCreate	支持
created	支持
beforeMount	支持
mounted	支持
beforeUpdate	支持
updated	支持
beforeDestroy	支持
destroyed	支持
errorCaptured	支持在 Vue 2.5.0 和 Weex SDK 0.18 及以上版本中新增

9.4 Vue 在 Weex 中的差异性

虽然 Weex 是使用 Vue 编写的，但是需要在不同平台运行，尽管大部分平台的语法是相同的，但是仍有部分语法是不同的。

1. 语法差异

（1）目前，Weex 支持基本的容器（div）、文本（text）、图片（image）、视频（video）

等组件。注意，这里是组件，不是标签，虽然它们使用起来和 HTML 标签很类似。其他标签基本上可以使用以上组件组合而成。

（2）Weex 环境中没有文档对象模型（Document Object Model，DOM），DOM 是 HTML 和 XML 文档的编程接口，是 Web 中的概念。Weex 的运行环境以原生应用为主，在 Android 和 iOS 环境中渲染出来的是原生的组件，不是 DOM 元素。

（3）支持有限的事件。Weex 支持在标签上绑定事件，和在浏览器中的写法一样，但是 Weex 中的事件是由原生组件捕获并触发的，行为和浏览器中有所不同，事件中的属性也和 Web 中有所差异。

（4）没有浏览器对象模型（Browser Object Model，BOM），但可以调用原生 API。BOM 是浏览器环境为 JavaScript 提供的接口。Weex 在原生端并不基于浏览器运行，不支持浏览器提供的 BOM 接口。

在 Weex 中调用移动设备原生 API 时，使用的方法是注册、调用模块。其中，一些模块是 Weex 内置的，如 clipboard、navigator、storage 等。

2. 样式差异

样式表和 CSS 规则是由 Weex 框架和原生渲染引擎管理的。要实现完整的 CSS 对象模型（CSS Object Model，CSSOM）并支持所有的 CSS 规则是非常困难的，也没有必要实现。出于性能考虑，Weex 目前只支持单个类选择器，并且只支持 CSS 规则的子集。在 Weex 中，每一个 Vue 组件的样式都是 scoped。

9.5 Weex 基本概念

Weex 设计了内置组件和内置模块，并设计了用于原生开发的适配器。

1. 组件

组件也称控件，是 Weex 开发中最基本的组成部分之一。组件可以读取特定的属性，显示数据、承载和触发事件等，代码如下。

```
<template>
<div>
<p>{{title}}</p>
<p>{{name.firstName + ' ' + name.lastName}}</p>
<p>{{computedTest}}</p>
</div>
</template>
<script>
module.exports = {
  data: function () {
    return {
      title: 'Alibaba Weex Team',
      name: {
        firstName: 'Zhang',
        lastName: 'san'
      }
    }
  },
```

```
    computed:{
        computedTest() {
            return '现在我用的是 computed'
        }
    }
}
</script>
```

Weeb 项目组件实例的运行效果如图 9-6 所示。

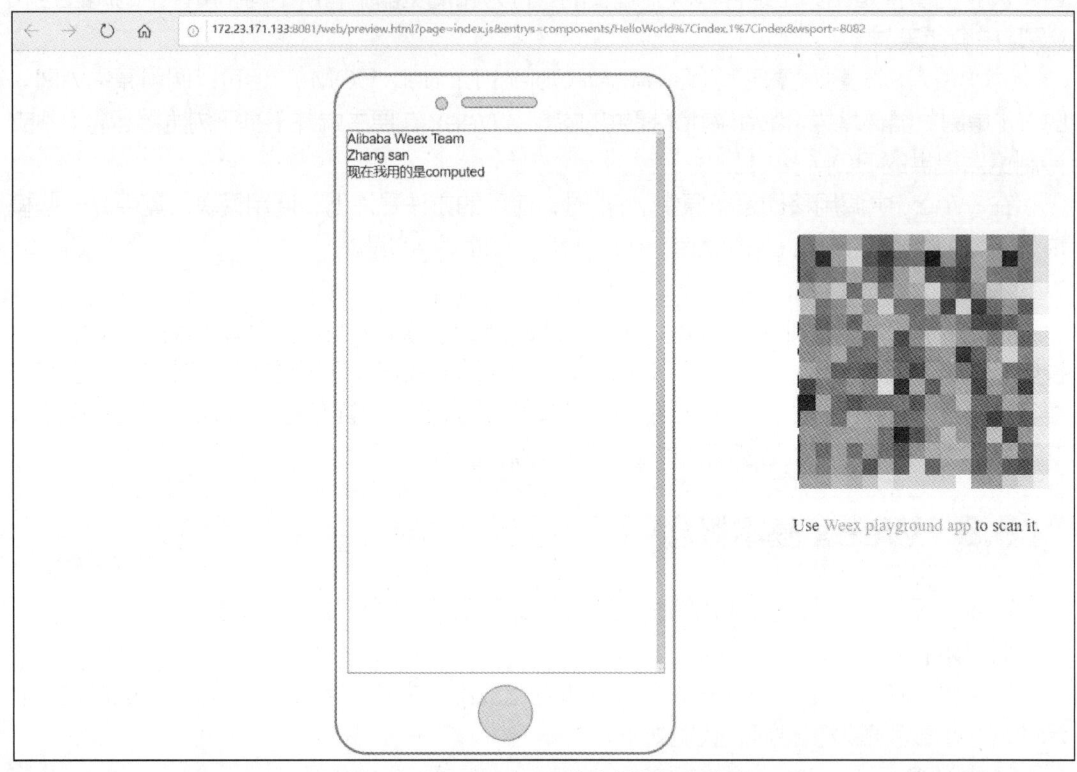

图 9-6　Weex 项目组件实例的运行效果

在实际开发中，Weex 的内置组件往往无法满足开发需求，此时就要使用自定义组件。

2. 模块

模块是一种通用的代码组织与定义的方式。在 Weex 开发中，使用 requireModule 关键字可引入模块，通过模块实例即可直接调用模块中的方法，代码如下。

```
<template>
<div><text>Toast</text></div>
</template>

<script>
  const modal = weex.requireModule('modal')
  modal.toast({
    message: 'I am a toast.',
    duration: 3
  })
</script>
```

以上代码会在页面最初显示的时候显示长达 3s 的“Toast”。Weex 项目模块实例的运行效果如图 9-7 所示。

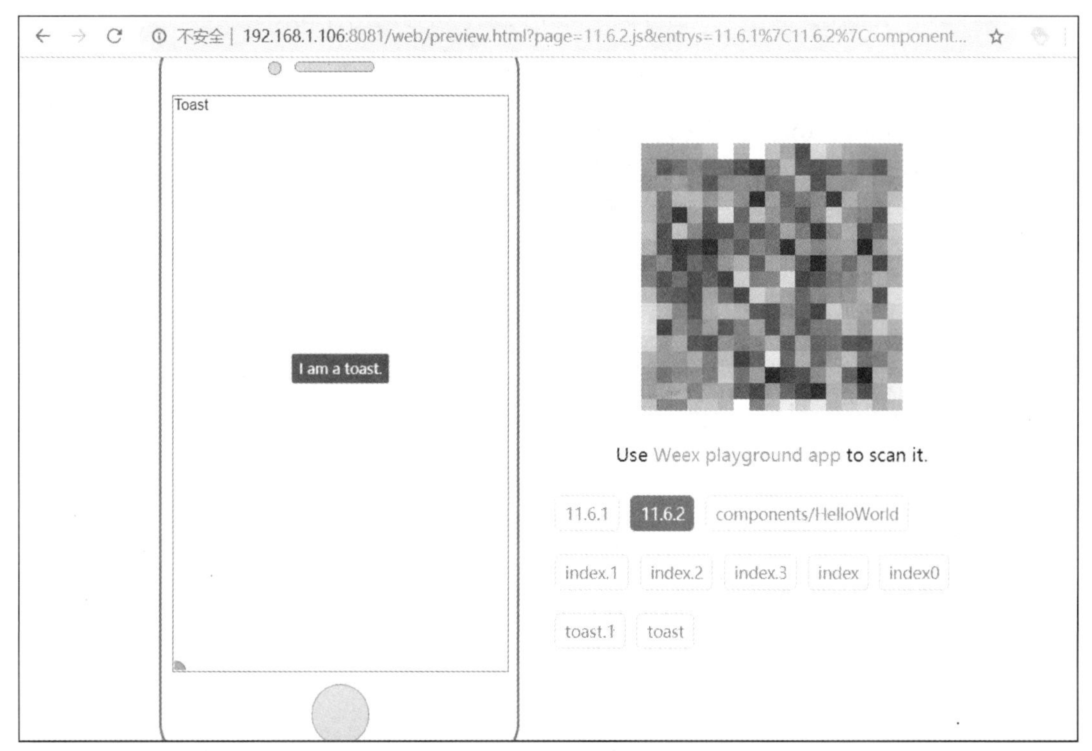

图 9-7　Weex 项目模块实例的运行效果

3. 适配器

适配器是 Weex SDK 提供的一个类似于服务（Service）的接口，一个适配器可以被组件、模块和其他适配器实现或调用。开发者无须关注适配器的具体实现细节，只需实现适配器对应的接口声明方法即可。

提 示　**适配器和组件、模块不同，它是专门为原生开发设计的。Weex SDK 内置了一些常用的适配器，如 navigationHandler、imageLoaderHandler 和 JSExceptionHandler 等。**

9.6 Weex 内置组件

在 Web 前端开发中，开发者可以使用 HTML 标签来快速构建页面，而 Weex 页面开发中也可以使用 HTML 标签。在 Weex 中，HTML 标签被称为内置组件。Weex 的内置组件有<a>、<div>、<text>、<image>、<list>、<cell>、<refresh>、<loading>、<recycle-list>、<scroller>、<slider>、<indicator>、<textarea>、<input>、<waterfall>、<video>、<web>和<richtext>。本节主要介绍一些具有代表性的内置组件。

9.6.1 <div>组件

<div>组件是通用容器，支持各种类型的子元素、所有通用样式和通用事件，包括<div>自己。

> **提示** ① 不要在<div>中直接添加文本，而应使用<text>组件。
> ② 在 Weex 中，<div>不可滚动。
> ③ 要控制<div>的层级，建议不要超过 14 层，否则会影响页面的性能。

9.6.2 <scroller>组件

和<div>一样，<scroller>组件是一个容器组件，它是一个容纳子组件进行横向或竖向滚动的容器组件。如果组件需要进行滚动，则可以将<scroller>当作根元素或者父元素使用，否则页面无法滚动，代码如下。

```
<template>
<scroller class="scroller">
<div class="row" v-for="row in rows" :key="row.id">
<text class="text">{{row.name}}</text>
</div>
</scroller>
</template>

<script>
  const dom = weex.requireModule('dom')
  export default {
    data () {
      return {
        rows: []
      }
    },
    created () {
      for (let i = 0; i < 80; i++) {
        this.rows.push({id: i, name: 'row ' + i})
      }
    },
  }
</script>
```

Weex 项目<scroller>组件实例的运行效果如图 9-8 所示。

<scroller>支持任意类型的 Weex 组件作为其子组件。其中，支持以下两个特殊组件作为其子组件：<refresh>，用于添加下拉刷新的功能；<loading>，用于添加上拉加载更多的功能。

<scroller>提供了以下函数。

（1）show-scrollbar{boolean}：控制是否出现滚动条，默认值为 true。

（2）scroll-direction{string}：控制滚动的方向，默认值为 vertical。

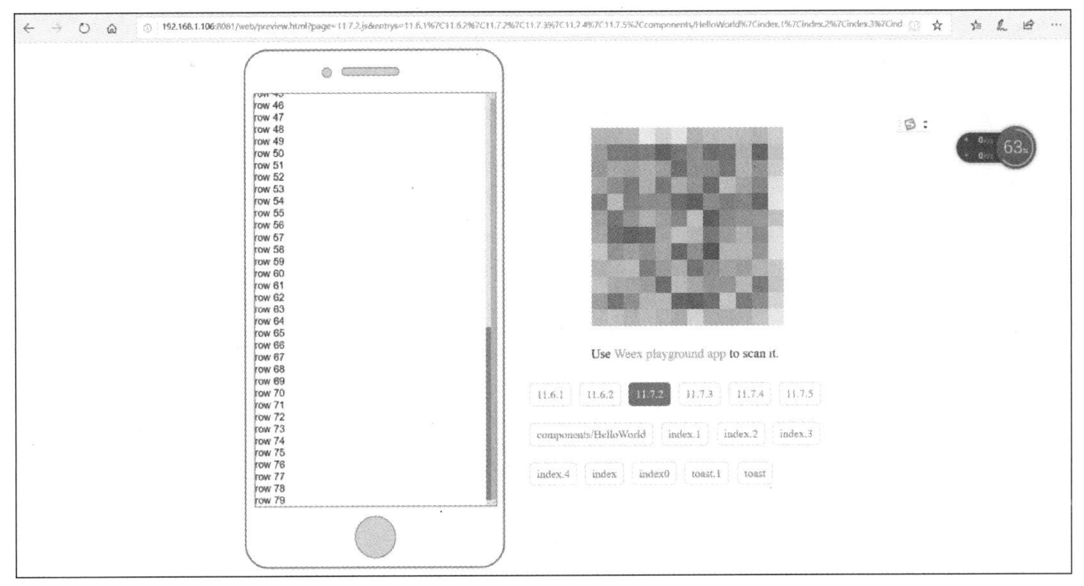

图 9-8　Weex 项目<scroller>组件实例的运行效果

（3）loadmoreoffset{number}：触发 loadmore 事件所需要的垂直偏移距离（设备屏幕底部与页面底部之间的距离），当页面的滚动条滚动到足够接近页面底部时将会触发 loadmore 事件，默认值为 0。

（4）offset-accuracy{number}：控制 scroll 事件触发的频率，默认值为 10，即两次 scroll 事件之间列表至少滚动了 10 像素。注意，将该值设置为较小的数值可提高滚动事件采样的精度，但同时会降低页面的性能。

（5）scrollToBegin{string}：控制 scroll 内容改变后，是否自动滚动到初始位置，默认值为 true。

（6）loadmore()：如果滚动到底部，则会立即触发此事件，开发者可以在此事件的处理函数中加载下一页的列表项，可通过 loadmoreoffset 属性设置触发偏移距离。

（7）scroll()：列表发生滚动时将会触发此事件，事件的默认采样率为 10 像素，即列表每滚动 10 像素触发一次，可通过属性 offset-accuracy 设置采样率。

（8）scrollToElement(node,options)：滚动到列表某个指定项是常见需求，<list>拓展了该功能，可通过 dom.scrollToElement()滚动到指定<cell>。

提 示 **① 不允许相同方向的<list>或者<scroller>互相嵌套，即嵌套的<list>或者<scroller>必须是不同的方向。**
② <scroller>需要设置其宽、高，可使用 position:absolute 进行定位或使用 width、height 设置其宽高值。

9.6.3　<list>组件

<list>组件是常用的列表组件，主要用于在垂直或水平方向上展示长列表，代码如下。

```
<template>
```

```
<list>
<cell v-for="num in lists">
<text>{{num}}</text>
</cell>
</list>
</template>

<script>
  export default {
    data () {
      return {
        lists: ['A', 'B', 'C', 'D', 'E']
      }
    }
  }
</script>
```

Weex 项目<list>组件实例的运行效果如图 9-9 所示。

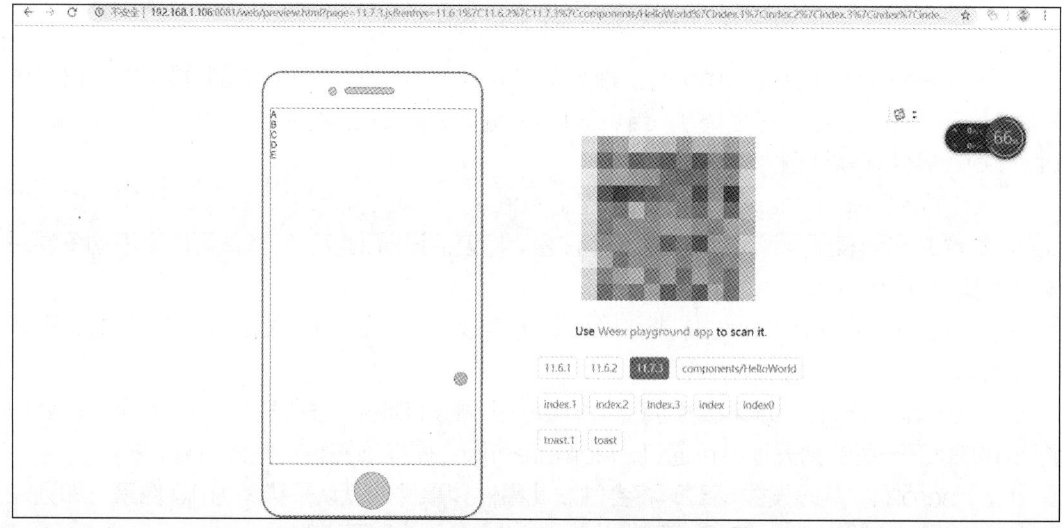

图 9-9　Weex 项目<list>组件实例的运行效果

<list>组件只能包括以下 4 种子组件或者 fix 定位的组件，其他形式的组件将不能被正确渲染。

（1）<cell>：用于定义列表中的子列表项，类似于 HTML 中的 ul 之于 li。Weex 会对<cell>进行高效的内存回收，以实现更好的性能。

（2）<header>：当<header>到达屏幕顶部时，吸附在屏幕顶部。

（3）<refresh>：用于给列表添加下拉刷新的功能。

（4）<loading>：<loading>的用法与特性和<refresh>类似，用于给列表添加上拉加载更多的功能。

<list>组件支持所有的通用样式，并具有自己独有的属性和函数。

（1）show-scrollbar{boolean}：控制是否出现滚动条，默认值为 true。

（2）loadmoreoffset{number}：触发 loadmore 事件所需要的垂直偏移距离（设备屏

幕底部与 list 底部之间的距离），建议手动设置此值，设置为大于 0 的值即可，默认值为 0。

（3）offset-accuracy{number}：控制 onscroll 事件触发的频率，默认值为 10，即两次 onscroll 事件之间列表至少滚动了10 像素。注意，将该值设置为较小的数值会提高滚动事件采样的精度，但同时会降低页面的性能。

（4）pagingEnabled{boolean}：是否按分页模式线上列表，默认值为 false。

（5）scrollable{boolean}：是否运行列表关系，默认值为 false。

（6）loadmore()：列表滚动到底部将会立即触发此事件，可以在此事件的处理函数中加载下一页的列表项。如果未触发，可检查是否设置了 loadmoreoffset 的值，建议此值设置为大于 0。

（7）scroll()：列表发生滚动时将会触发此事件，事件的默认采样率为 10 像素，即列表每滚动 10 像素触发一次，可通过属性 offset-accuracy 设置采样率。

（8）scrollToElement(node,options)：滚动到列表某个指定项是常见需求，<list>拓展了该功能，可通过 dom.scrollToElement()滚动到指定<cell>。

提 示 **① 不允许相同方向的<list>或者<scroller>互相嵌套，即嵌套的<list>或者<scroller>必须是不同的方向。**
② <list>需要设置其宽、高，可使用 position:absolute 进行定位或使用 width、height 设置其宽高值。

9.6.4 <refresh>组件

<refresh>组件为容器提供下拉刷新功能。它是<scroller>、<list>、<waterfall>的子组件，只能在被它们包含时才能被正确渲染，代码如下。

```
<template>
<container>
<scroller>
<refresh>
<text>Refreshing...</text>
</refresh>
<div v-for="num in lists">
<text>{{num}}</text>
</div>
</scroller>
</container>
</template>
<script>
    module.exports = {
      data: function () {
        return {
          lists: ['A', 'B', 'C', 'D', 'E']
        }
      }
    }
</script>
```

Weex 项目<refresh>组件实例的运行效果如图 9-10 所示。

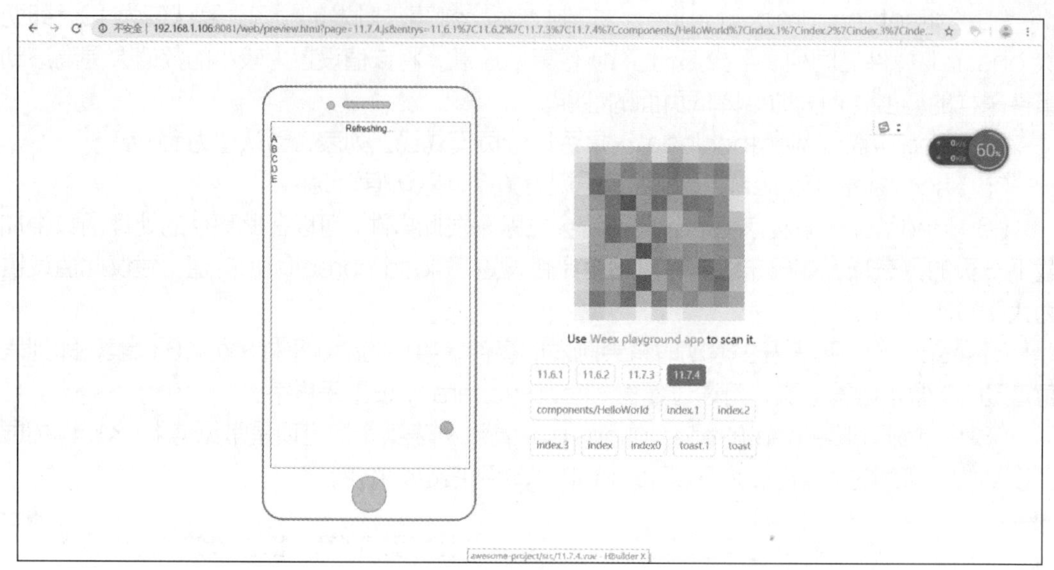

图 9-10　Weex 项目<refresh>组件实例的运行效果

<refresh>组件提供了很多实用的属性和函数。

（1）display{boolean}：控制<refresh>组件的显示、隐藏。display 的设置必须成对出现，即设置 display="show"后，必须有对应的 display="hide"。其可选值为 show/hide，默认值为 show。

（2）refresh()：当<scroller>、<list>、<waterfall>被下拉完成时触发。

（3）pullingdown()：当<scroller>、<list>、<waterfall>被下拉时触发。

9.6.5　<loading>组件

<loading>组件为容器提供上拉加载功能，它和<refresh>一样，是<scroller>、<list>、<waterfall>的子组件，只能在被它们包含时才能被正确渲染，代码如下。

```
<scroller>
<div v-for="num in lists">
<text>{{num}}</text>
</div>
<loading>
<text>Loading</text>
</loading>
</scroller>
```

Weex 项目<loading>组件实例的运行效果如图 9-11 所示。

<loading>组件提供了如下属性和函数。

（1）display{boolean}：控制<loading>组件的显示、隐藏。display 的设置必须成对出现，即设置 display="show"后，必须有对应的 display="hide"，其可选值为 show/hide，默认值为 show。

（2）loading()：当<scroller>、<list>、<waterfall>被上拉完成时触发。

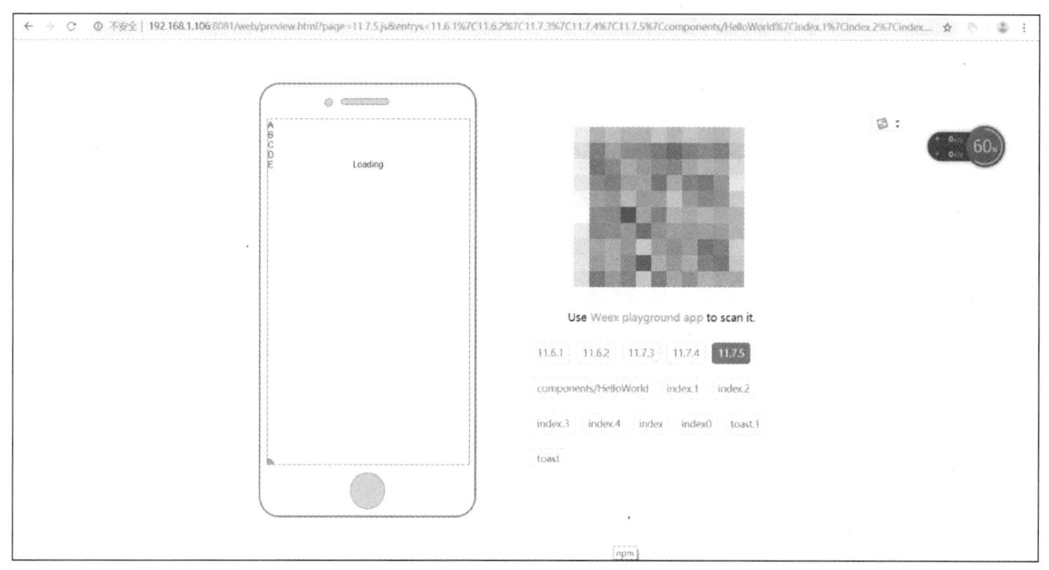

图 9-11　Weex 项目<loading>组件实例的运行效果

9.6.6　<slider>组件

<slider>组件用于在一个页面中展示多张图片，前端将这种效果称为轮播图。默认的轮播间隔为 3s。其支持任意类型的 Weex 组件作为子组件，也可以放置一个<indicator>组件用于显示轮播指示器。<indicator>也只能作为<slider>的子组件使用，且<indicator>不能再包含其他子组件。<slider>组件支持所有通用样式和通用事件，代码如下。

```
<template>
<div>
<slider class="slider" interval="3000" auto-play="true">
<div v-for="img in imageList">
<image class="image" resize="cover" :src="img.src"></image>
</div>
</slider>
</div>
</template>
<style scoped>
.image{
	width:750px;
	height: 300px;
}
.slider{
	width:750px;
	height: 300px;
	background-color: green;
}
</style>
<script>
  export default {
	data () {
```

```
            return {
                imageList: [
                    { src: 'https://gd2.alicdn.com/bao/uploaded/i2/T14H1LFwBcXXXXXXXX_
!!0-item_pic.jpg'},
                    { src: 'https://gd1.alicdn.com/bao/uploaded/i1/TB1PXJCJFXXXXciXFXXXXXXXXXX_
!!0-item_pic.jpg'},
                    { src: 'https://gd3.alicdn.com/bao/uploaded/i3/TB1x6hYLXXXXXazXVXXXXXXXXXX_
!!0-item_pic.jpg'}
                ]
            }
        }
    }
</script>
```

Weex 项目<slider>组件实例的初始运行效果如图 9-12 所示，3s 后的运行效果如图 9-13 所示。这样就实现了图片的轮播。

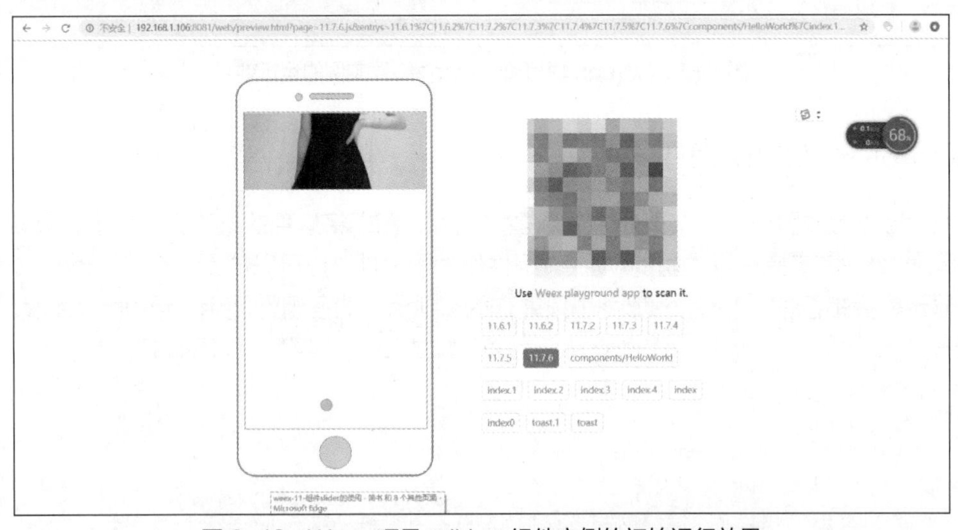

图 9-12　Weex 项目<slider>组件实例的初始运行效果

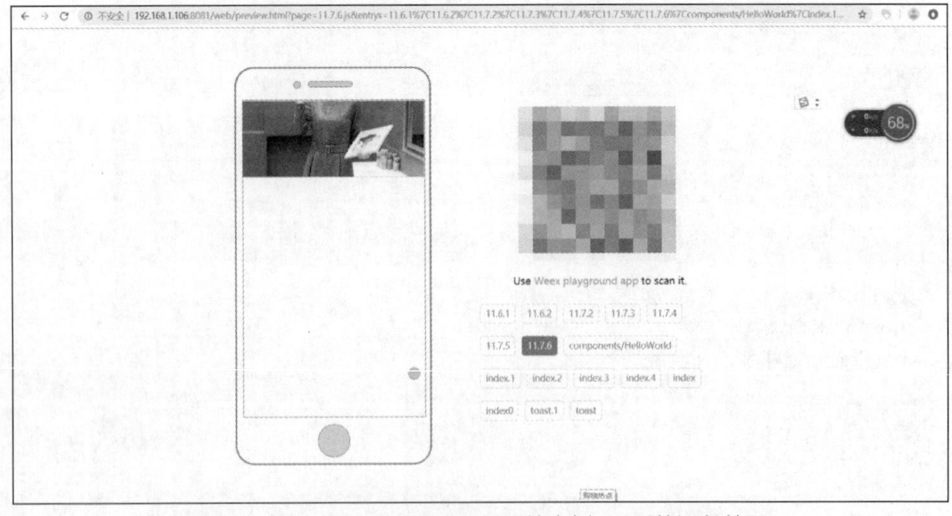

图 9-13　Weex 项目<slider>组件实例 3s 后的运行效果

<slider>组件有以下几个重要的属性。

（1）auto-play{boolean}：组件渲染完成时，是否自动开始播放，默认值为 false。

（2）interval{number}：轮播间隔，默认值为 3000ms。

（3）index{number}：设置显示 slider 的第几个页面。

（4）offset-x-accuracy{number}：控制 onscroll 事件触发的频率，默认值为 10，表示两次 onscroll 事件之间滚动容器至少滚动了10 像素。将该值设置为较小的数值会提高滚动事件采样的精度，但同时会降低页面的性能。

（5）show-indicators{boolean}：是否显示指示器，尽管 show-indicator 的默认值是 true，但只有在 slider 下包含<indicator>时才有意义。

（6）infinite{boolean}：设置是否可以无限轮播，默认值为 true。

（7）scrollable{boolean}：设置是否可以通过滑动手势来切换页面，默认值为 true。

（8）keep-index{boolean}：设置轮播器中的数据发生变化后是否保持变化前的页面序号，适用于 Android 平台。

（9）forbid-slide-animation{boolean}：iOS 平台默认支持动画，使用该属性可以强制关闭切换时的动画。

9.7 Weex 内置模块

Weex 内置了很多模块，可以帮助开发者快速实现某一特定功能的开发。具体使用时，可以通过 require('@weex-module/xxx')或者 weex.requireMode('xxx')的方式来引入模块，并调用模块中的 API。本节主要介绍 Weex 中常见的内置模块及其作用。

9.7.1 dom 模块

dom 模块用于对 Weex 页面中的组件节点进行一部分特定操作。

dom 模块提供了如下常用 API 函数。

（1）scrollToElement(ref,options)：使页面滚动到 ref 对应的组件，此 API 函数只能用于可滚动组件的子节点。

① ref{Node}：要滚动到的那个节点。

② options.offset{number}：一个到其可见位置的偏移距离，默认值是 0。

③ options.animated{boolean}：是否需要附带滚动动画，默认值是 true。

（2）getComponentRect(ref,callback)：获取某个元素 View 的外框。

① ref{Node}：要滚动到的那个节点。

② callback{function}：异步方法，通过回调返回信息。

（3）getLayoutDirection(ref,callback)：获取当前的布局方向，比如是 Left to Right 还是 Right to Left。

① ref{Node}：要操作的节点。

② callback{function}：异步方法，通过回调返回排版方向信息。

（4）addRule(type,contentObject)：加载自定义字体。

① type{string}：协议名称（fontFace），不可修改。

② contentObject.fontFamily{string}：font-family 的名称。

③ contentObject.src{url}：字体地址。

例如：

```
url('http://at.alicdn.com/t/font_1469606063_76593.ttf')
```

9.7.2 stream 模块

stream 模块提供了基本的网络请求能力，如 GET 请求、POST 请求等，用于在组件的生命周期内与服务器端进行交互。

stream 模块提供了 fetch 函数，具体解释如下。

fetch(options,callback,progressCallback)：发起一个请求。

（1）options.method{string}：HTTP 请求方法，值为 GET/POST/PUT/DELETE/PATCH/HEAD。

（2）options.url{string}：请求的 URL|string。

（3）options.headers{string}：HTTP 请求头。

（4）options.type{string}：响应类型，如 JSON、Text 或 JSONP。

（5）options.body{string}：HTTP 请求体。

（6）ref{Node}：要操作的节点。

（7）callback{function}：异步方法，通过回调返回 response 对象。

① status{number}：返回的状态码。

② ok{boolean}：如果状态码为 200～299，则其值为 true。

③ statusText{string}：状态描述文本。

④ data{string}：返回的数据，如果请求类型是 JSON 和 JSONP，则它是一个对象，否则是一个字符串。

⑤ headers{object}：HTTP 响应头。

（8）progressCallback{function}：请求结束时被触发。

① readyState{number}：当前状态，1 表示请求连接中，2 表示返回响应头中，3 表示正在加载返回数据。

② status{number}：返回的状态码。

③ length{number}：已经接收到的数据长度，可以从响应头中获取总长度。

④ statusText{string}：状态描述文本。

⑤ headers{object}：HTTP 响应头。

9.7.3 modal 模块

modal 模块主要用于提供模块对话框功能，主要包含 toast、alert、confirm 和 prompt 这 4 种类型的对话框，代码如下。

```
<template>
<div class="wrapper">
<scroller class="scroller" @loadmore="onloadmore">
<div class="page-title-box" ref="pageTitle">
```

```
    <text class="page-title">Top Airing Anime</text>
    </div>
    <div class="item" v-for="item in items" :key="item.id">
    <div class="item-content">
    <div class="item-imgbox">
    <image class="item-img" :src="item.attributes.posterImage.small" alt="" />
    </div>
    <div class="item-info">
    <div class="item-info-detail">
    <text class="title">{{getTitle(item)}}</text>
    </div>
    <div>
    <text class="desc">{{getDesc(item)}}</text>
    </div>
    </div>
    </div>
    </div>
    <div class="loadingbox">
    <image class="loading" src="https://img.alicdn.com/tfs/
TB1CWnby7yWBuNjy0FpXXassXXa-32-32.gif" />
    </div>
    </scroller>
    <div class="up" @click="goToTop">
    <image class="img" src="https://img.alicdn.com/tps/TB1ZVOEOpXXXXcQaXXXXXXXXXXX-
200-200.png" />
    </div>
    </div>
    </template>
    <script>
      const dom = weex.requireModule('dom') || {};
      const stream = weex.requireModule('stream') || {};
      const modal = weex.requireModule('modal') || {};
      const API = 'https://kitsu.io/api/edge/anime?filter%5Bstatus%5D=current&sort=-
userCount&page%5Blimit%5D=20'
      export default {
        data () {
          return {
            items: [],
            firstId: 1
          }
        },
        created: function() {
          const self = this;
          stream.fetch({
            method: 'GET',
            url: API,
            type:'json'
          }, function(ret) {
            if(!ret.ok){
              modal.toast({
```

```
                message: 'Network Error!',
                duration: 3
              });
            }else{
              self.firstId = ret.data.data[0].id;
              self.items = self.items.concat(ret.data.data);
            }
          });
      },
      methods: {
        onloadmore: function (e) {
          const self = this;
          const offset = this.items.length;
          stream.fetch({
              method: 'GET',
              url: API + `&page%5Boffset%5D=${offset}`,
              type:'json'
          }, function(ret) {
            if(!ret.ok){
              modal.toast({
                message: 'Network Error!',
                duration: 3
              });
            }else{
              self.items = self.items.concat(ret.data.data);
            }
          });
      },
      goToTop: function (e) {
          const el = this.$refs.pageTitle;
          dom.scrollToElement(el, {
              offset: 0
          })
      },
      getDesc: function(item) {
          if (item.attributes.synopsis) {
            return item.attributes.synopsis.trim();
          }
          return '...'
      },
      getTitle: function(item) {
          const titleObj = item.attributes.titles;
          if (titleObj) {
            return titleObj.en || titleObj.en_jp || titleObj.ja_jp;
          }
          return '...'
        }
      }
    }
</script>
```

```
<style scoped>
  .wrapper {
    position: absolute;
    top: 0;
    right: 0;
    bottom: 0;
    left: 0;
  }
  .scroller {
    position: absolute;
    top: 0;
    right: 0;
    bottom: 0;
    left: 0;
    z-index: 9;
  }
  .page-title-box {
    padding: 20px;
    border-bottom-width: 1px;
    border-bottom-style: solid;
    border-bottom-color: #efefef;
  }
  .page-title {
    text-align: center;
    font-size: 60px;
  }
  .item {
    padding: 20px;
    height: 220px;
    border-bottom-width: 1px;
    border-bottom-style: solid;
    border-bottom-color: #efefef;
  }
  .item-content {
    flex-direction: row;
    width: 710px;
    background-color: #ffffff;
  }
  .item-imgbox {
    height: 180px;
    width: 180px;
    margin-right: 20px;
  }
  .item-img {
    width: 180px;
    height: 180px;
  }
  .item-info {
    height: 180px;
    width: 510px;
```

```
        position: relative;
    }
    .item-info-detail {
        position: relative;
        color: #A2A2A2;
    }
    .title {
       lines: 1;
       text-overflow: ellipsis;
       font-size: 32px;
       color: #2D2D2D;
       line-height: 40px;
    }
    .desc {
        lines: 3;
        text-overflow: ellipsis;
        font-size: 32px;
        color: #999;
    }
    .detail-info {
        margin-top: 15px;
    }
    .up {
        width: 70px;
        height: 70px;
        position: fixed;
        right: 20px;
        bottom: 20px;
        z-index: 999;
    }
    .img {
        width: 70px;
        height: 70px;
    }
    .loadingbox {
        align-items: center;
        padding: 20px;
        height: 80px;
    }
    .loading {
        height: 40px;
        width: 40px;
    }
</style>
```

Weex 项目内置模块实例的运行效果如图 9-14 所示。

modal 模块提供了以下常用 API 函数。

（1）toast(options)：显示在屏幕上的一个提示对话框，会在显示一段时间后自动消失。

① options.message{string}：展示的内容。

② options.duration{number}：持续时间，以秒为单位。

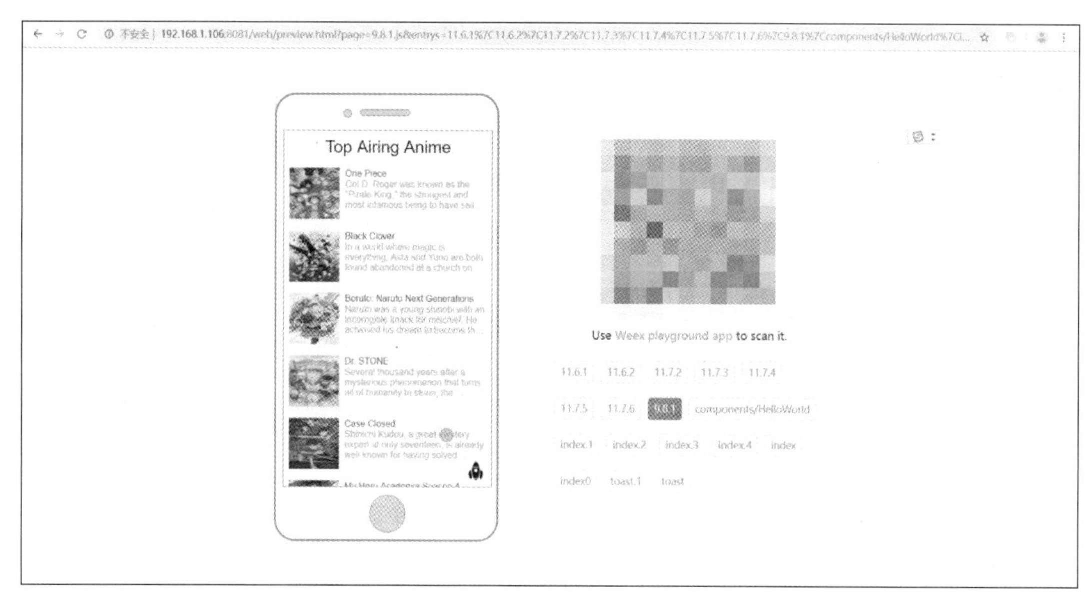

图 9-14　Weex 项目内置模块实例的运行效果

（2）alert(options,callback)：用于确保用户得到某些信息的警告对话框。当警告对话框出现后，用户需要单击确定按钮才能继续进行操作。

① options.message{string}：警告对话框中显示的文字信息。

② options.okTitle{string}：确认按钮上显示的文字信息。

③ callback{function}：用户操作完成后的回调。

（3）confirm(options,callback)：用于使用户验证或者接收某些信息的确认对话框。当确认对话框出现后，用户需要单击确定或者取消按钮才能继续进行操作。

① options.message{string}：确认对话框中显示的文字信息。

② options.okTitle{string}：确认按钮上显示的文字信息。

③ options.cancelTitle{string}：取消按钮上显示的文字信息。

④ callback{function}：用户操作完成后的回调。参数是按下按钮上的文字信息。

（4）prompt(options,callback)：用于提示用户在进入页面前输入某个值的提示对话框。当提示对话框出现后，用户需要输入某个值，并单击确认或取消按钮才能继续操作。

① options.message{string}：提示对话框中显示的文字信息。

② options.okTitle{string}：确认按钮上显示的文字信息。

③ options.cancelTitle{string}：取消按钮上显示的文字信息。

④ callback{function}：用户操作完成后的回调。

9.8 本章小结

本章主要对 Weex 进行了介绍，从语法和样式上讲解了 Vue 在 Weex 中的差异性，并介绍了 Weex 中的常用内置组件和内置模块的用法。

9.9 本章习题

1. 填空题

（1）Weex是使用________来开发________的框架。

（2）目前，广泛应用于Weex开发的前端框架有________和________。

（3）Weex开发中引入模块的方法是________和________。

2. 判断题

（1）Vue的生命周期函数在Weex开发中同样适用。（　　）

（2）Weex支持长度单位px和wx，不支持类似em、rem、pt的CSS标准中的其他长度单位。（　　）

（3）<scroller>支持任意类型的Weex组件作为其子组件。（　　）

3. 编程题

利用本章知识，编写一个显示学生姓名列表的程序，要求列表能滚动，学生姓名可以编辑且可以排序。

第 3 篇

工程化项目实战

第 10 章 实战项目开发

10

内容导学

本章将结合前面各章所学知识点开发“前端学习移动应用”项目进行讲解，其中涉及的内容涵盖了许多典型场景，如首页轮播、首页九宫格、首页懒加载、课程列表页、课程购买页和个人中心页等。

学习目标

① 了解使用 Vue 脚手架开发项目的一般步骤。
② 掌握组件开发及组件间通信的应用场景和方法。
③ 掌握路由的配置方法。
④ 掌握服务器端数据访问的方法。
⑤ 掌握移动端框架的使用方法。

10.1 项目介绍

本节将介绍“前端学习移动应用”项目的基本信息，并分配项目功能和项目任务。

1. 项目信息

“前端学习移动应用”为用户学习前端课程和技术提供了随时随地学习的平台。游客可以浏览免费课程，搜索课程，查看留言；注册用户登录后，除了可以浏览以外，还可以购买课程、收藏课程、发表留言和查看个人中心。

基于 Vue 开发的“前端学习移动应用”项目主要功能包括首页、首页搜索、首页下拉刷新和上拉加载、课程列表页、课程详情页、购买课程、收藏课程、查看留言、发布留言、注册登录查看个人信息和修改个人信息。

2. 项目功能

项目功能如表10-1所示。

表 10-1 项目功能

序号	功能列表	工作量（学时）	备注
1	首页	6	包括首页搜索和懒加载
2	登录	2	表单验证
3	课程列表	2	—
4	课程详情与购买课程	6	使用模态框
5	留言列表	4	使用 JSON-Server
6	查看留言或发布留言	4	发布的留言没有存储
7	个人中心	2	使用字体图标

3. 项目任务

项目任务分配详情如表 10-2 所示。

表 10-2　项目任务分配详情

序号	名称	说明	学时
1	功能模块需求分析	明确项目需求，绘制用例图，撰写用例规约描述，绘制项目原型图	4
2	项目编码	项目各模块的功能实现	14
3	项目测试	设计测试用例，撰写测试文档	2
4	项目整合提交	项目前后端整合，打包发布	6

10.2 项目开发前期准备

在正式开发项目之前，需要进行一些准备工作，例如利用脚手架初始化项目目录、安装项目中需要用到的依赖包和插件及配置好项目的路由等。

10.2.1 初始化项目目录

Vue-CLI 是 Vue 提供的一种官方命令行工具，可用于快速搭建大型单页应用。该工具提供了方便易用的构建工具配置，带来了现代化的前端开发流程，只需几分钟即可创建并启动一个可以热重载、保存时静态检查及可用于生产环境的构建配置的项目。在保证 Vue 环境安装完成的情况下，使用“npm install -g @Vue/cli”命令可以安装 Vue-CLI，具体安装过程见第 7 章。Vue-CLI 安装完成后即可开始创建项目。

（1）打开命令行，进入想要创建项目的目录，这里要进入 G 盘的根目录，输入“Vue create training”命令，按 Enter 键后进行安装。

（2）进入 training 目录后，输入“npm run serve”命令运行项目。运行成功后会显示项目运行的地址，如图 10-1 所示；在浏览器中查看项目，如图 10-2 所示。

图 10-1　项目运行的地址

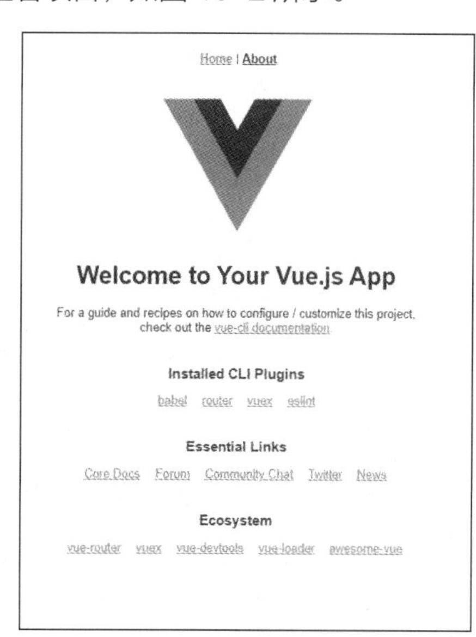

图 10-2　在浏览器中查看项目

（3）打开代码编辑器，在编辑器中部署新建的项目。初始化项目的目录结构如图 10-3 所示。

.git	2020/4/16 17:46	文件夹	
node_modules	2020/4/16 17:50	文件夹	
public	2020/4/16 17:45	文件夹	
src	2020/4/16 17:45	文件夹	
.editorconfig	2020/4/16 17:45	EDITORCONFIG ...	1 KB
.gitignore	2020/4/16 17:45	文本文档	1 KB
babel.config.js	2020/4/16 17:45	JavaScript 文件	1 KB
package.json	2020/4/16 17:45	JSON 文件	2 KB
package-lock.json	2020/4/16 17:46	JSON 文件	461 KB
README.md	2020/4/16 17:46	Markdown 文档	1 KB

图 10-3　初始化项目的目录结构

10.2.2　安装依赖包和插件

根据项目需求安装一些依赖包和插件，包括 Vue-router、Vue-axios、mint-ui、font-awesome 和 Vuex。

安装 Vue-router 的命令：npm install Vue-router --save。

安装 Vue-axios 的命令：npm install axios --save。

安装 mint-ui 的命令：npm install mint-ui --save。

安装 font-awesome 的命令：npm install font-awesome --save。

安装 Vuex 的命令：npm install Vuex --save。

10.2.3　配置项目路由

在 router 文件夹的 index.js 中配置路由，代码如下。

```
import Vue from 'Vue'
import VueRouter from 'Vue-router'
Vue.use(VueRouter)
let router = new VueRouter({
  mode: 'history',
  routes: [
      //VueRouter：配置路由规则
      { path: '/', redirect: { name: 'Home' } }, //重定向
      { name: 'home', path: '/', component: Home },//首页
      { name:'course',path:'/course',component: Course}, //课程
      { name: 'message',path:'/message',component:Message}, //留言
      { name: 'login',path:'/login',component:Login}, //登录
      { name: 'mine',path:'/mine',component:Mine,//我的
      meta: {
requireAuth: true // 添加该字段（字段名可以自定义），表示进入这个路由是需要登录的
}},
      { name: 'detail',path:'/detail',component:Coursedetail}, //课程详情
      { name: 'msgdetail',path:'/msgdetail',component:Msgdetail}, //信息详情
  ]
});
```

10.3 项目功能设计与开发

本节主要带领读者初步开发“前端学习移动应用”项目，从展示实现的效果到具体代码编写逐步进行讲解。

10.3.1 首页

1. 界面参考效果

项目首页界面参考效果如图10-4所示。

图10-4　项目首页界面参考效果

2. 功能实现参阅

首页使用的文件和组件如表10-3所示。

表 10-3　首页使用的文件和组件

序号	文件名称	说明
1	main.js	引入 mint-ui、字体图标和 Vuex
2	App.vue	首页
3	index.vue	切换回首页，包括九宫格和懒加载
4	Loadmore.vue	加载更多组件

3. 需要的插件和依赖包

首页需要的插件和依赖包如表10-4所示。

表 10-4　首页需要的插件和依赖包

序号	文件名称	说明
1	"mint-ui":"^2.2.13"	移动端 UI
2	Mui	底部导航栏和九宫格布局 在 index.html 文件中引入了 mui.min.css
3	"font-awesome":"^4.7.0"	Font Awesome 字体图标，即首页热门课程中使用的图标
4	"Vuex":"^3.1.1"	状态管理，用于存放登录账号信息

4. JSON 接口

课程列表页使用的是本地 JSON 数据，其数据信息如表10-5 所示。

表 10-5　课程列表页的数据信息

功能说明	获取课程列表页数据信息
URL 地址	http://jsonplaceholder.typicode.com/posts
参数列表：无	
请求示例	http://localhost:8080/
返回参数	JSON 数组
参数说明	id：课程 ID title：课程标题 Body：课程简介
返回示例	[{ "userId": 1, "id": 1, "title": "sunt aut facere repellat provident occaecati excepturi optio reprehenderit", },

续表

返回示例	{ "userId": 1, "id": 2, "title": "qui est esse", }, { "userId": 1, "id": 3, "title": "ea molestias quasi exercitationem repellat qui ipsa sit aut", }, { "userId": 1, "id": 4, "title": "eum et est occaecati", },]

10.3.2 首页下拉刷新和上拉加载

1. 界面参考效果

首页下拉刷新和上拉加载功能的参考效果如图10-5 和图10-6 所示。

图 10-5 首页下拉刷新功能的参考效果

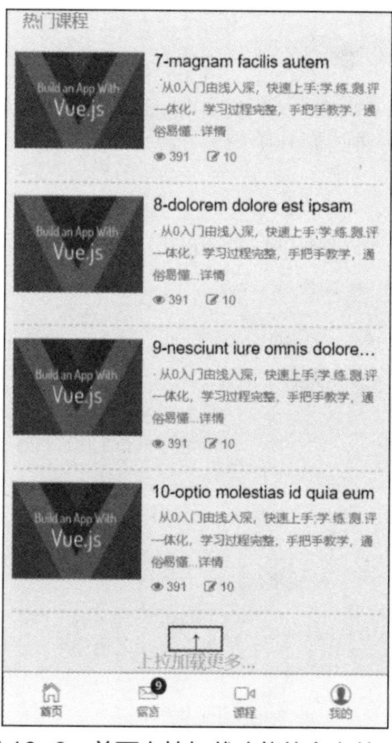

图 10-6 首页上拉加载功能的参考效果

2. 核心代码

```
<script>
        export default {
              props: ['search'],
        data() {
              return {
                    examplename: 'Loadmore',
                    pageNum: 1,//页码
                    InitialLoading: true,//初始加载
                    list: 0,//数据
                    allLoaded: false,//数据是否加载完毕
                    bottomStatus: '',//底部上拉加载状态
                    wrapperHeight: 0,//容器高度
                    topStatus: '',//顶部下拉刷新状态
                    courses:[],
              }
        },
        mounted() {
              let windowWidth = document.documentElement.clientWidth;//获取屏幕宽度
              if (windowWidth >= 768) {//这里可以根据自己的实际情况设置容器的高度
                   this.wrapperHeight = document.documentElement.clientHeight - 105;
              } else {
                   this.wrapperHeight = document.documentElement.clientHeight - 80;
              }
              setTimeout(() => {
              //页面挂载完毕后模拟数据请求，这里为了方便使用了一次性定时器
                   this.list = 10;
              }, 1500)
        },
        created: function () {
   this.$axios.get('http://jsonplaceholder.typicode.com/posts')
   .then((res) => {
    this.courses = res.data.slice(0,30);
   }, (err) => {
     console.log(err)
   });
 },
 computed:{
        filterTitles:function(){
              return this.courses.filter((course)=>{
                    return course.title.match(this.search);
              })
        }
 },
        methods: {
              handleBottomChange(status) {
                    this.bottomStatus = status;
              },
              loadBottom() {
                    this.handleBottomChange("loading");//上拉时改变状态码
```

```
                this.pageNum += 1;
                setTimeout(() => {
                //上拉加载更多模拟数据请求，这里为了方便使用了一次性定时器
                    if (this.pageNum <= 3) {//最多下拉 3 次
                        this.list += 10;//上拉加载后，每次数值加 10
                    } else {
                        this.allLoaded = true;//模拟数据加载完毕后禁用上拉加载
                    }
                    this.handleBottomChange("loadingEnd");//数据加载完毕后修改状态码
                    this.$refs.loadmore.onBottomLoaded();
                }, 1500);
            },
            handleTopChange(status) {
                this.topStatus = status;
            },
            loadTop() {//下拉刷新模拟数据请求，这里为了方便使用了一次性定时器
                this.handleTopChange("loading");//下拉时改变状态码
                this.pageNum = 1;
                this.allLoaded = false;//下拉刷新时解除上拉加载的禁用状态
                setTimeout(() => {
                    this.list = 10;//下拉刷新数据初始化
                    this.handleTopChange("loadingEnd")//数据加载完毕后修改状态码
                    this.$refs.loadmore.onTopLoaded();
                }, 1500);
            },
        }
    }
</script>
```

10.3.3 首页搜索

1. 界面参考效果

首页搜索功能：输入搜索关键字如图10-7 所示，按关键字搜索的结果如图10-8 所示。

图 10-7 输入搜索关键字

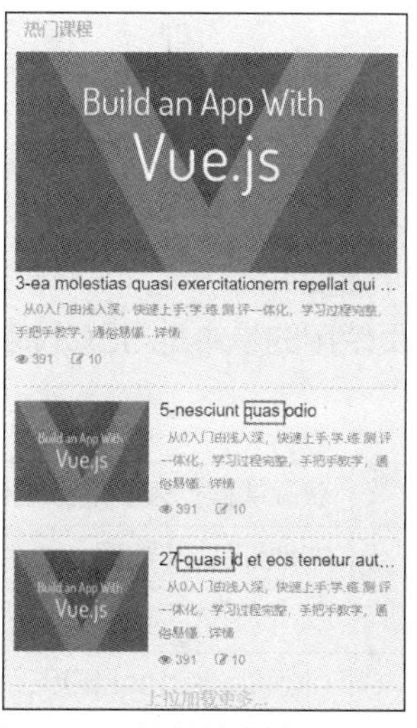

图 10-8 按关键字搜索的结果

2. 核心代码

```
computed:{
    filterTitles:function(){
        return this.courses.filter((course)=>{
            return course.title.match(this.search);
        })
    }
},
```

10.3.4 课程列表页

1. 界面参考效果

课程列表页界面参考效果如图10-9 所示。

图 10-9 课程列表页界面参考效果

2. JSON 接口

课程列表页使用的是本地 JSON 数据，其数据信息如表10-6 所示。

表 10-6 课程列表页的数据信息

功能说明	获取课程列表页的数据信息
URL 地址	本地 JSON 数据 courselist.json
参数列表：无	
请求示例	http://localhost:8080/course
返回参数	JSON 数组

续表

参数说明	title：课程标题 description：课程描述 id：课程 ID Saleout：消息内容插图 id：消息 ID css：消息界面 CSS 样式

返回示例	{
	[{
	title: 'Vue 课程',
	description: ' 是一套用于构建用户界面的渐进式框架。',
	id: 'Vue',
	toKey: 'analysis',
	saleout: false
	},
	{
	title: 'JavaScript 课程',
	description: '是一种直译式脚本语言，是一种动态类型、弱类型、基于原型的语言，内置支持类型。',
	id: 'JavaScript',
	toKey: 'count',
	saleout: false
	},
	{
	title: 'HTML 课程',
	description: '超文本标记语言(HyperText Markup Language，HTML)是一种用于创建网页的标准标记语言。',
	id: 'HTML',
	toKey: 'forecast',
	saleout: true
	},
	{
	title: 'Java 课程',
	description: '是一门面向对象编程语言。',
	id: 'Java',
	toKey: 'publish',
	saleout: false
	}
	]
	}

3. 功能实现参阅

课程列表页使用的文件和组件如表10-7 所示。

表 10-7　课程列表页使用的文件和组件

序号	文件名称	说明
1	course.vue	请求查看详情页面
2	index.vue	切换回首页

10.3.5　课程详情页

1. 界面参考效果

课程详情页和购买课程页界面参考效果如图10-10 和图10-11 所示。

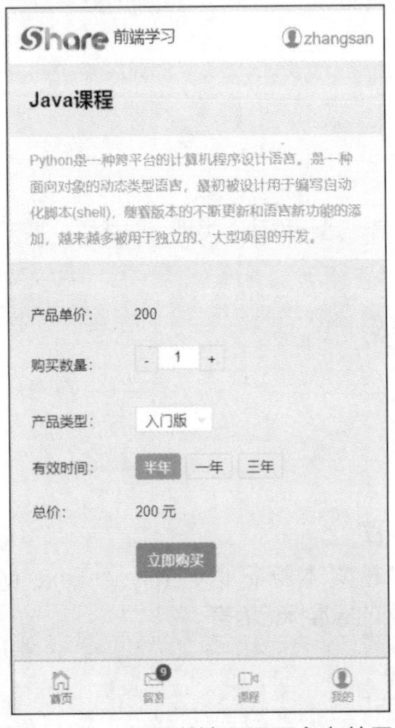

图10-10　课程详情页界面参考效果

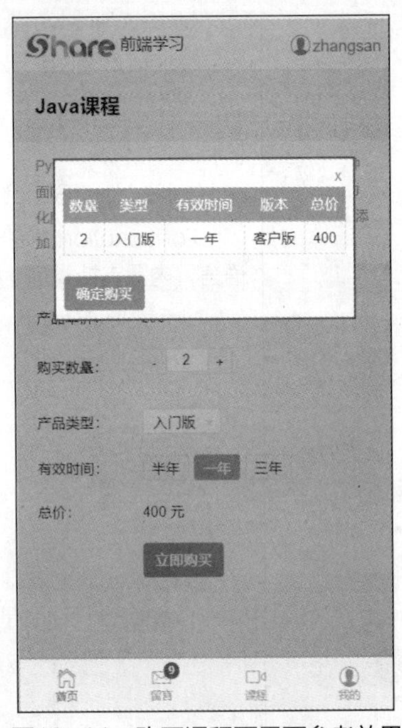

图10-11　购买课程页界面参考效果

2. 功能实现参阅

课程详情页使用的文件和组件如表10-8 所示。

表 10-8　课程详情页使用的文件和组件

序号	文件名称	说明
1	courseDetail.vue	请求查看课程详情页
2	selection.vue	产品类型选中组件
3	counter.vue	购买数量组件
4	chooser.vue	有效时间选中组件
5	dialog.vue	购买课程弹出的对话框

10.3.6 留言列表页

1. 界面参考效果

留言列表页功能：全部留言界面参考效果如图 10-12 所示，精华留言界面参考效果如图 10-13 所示。

图 10-12　全部留言界面参考效果

图 10-13　精华留言界面参考效果

2. JSON 接口

获取留言信息接口的数据如表10-9 所示。

表 10-9　获取留言信息接口的数据

功能说明	获取留言信息接口的数据
URL 地址	http://localhost:8080/message
参数列表：无	
请求示例	https://cnodejs.org/api/v1/topics
返回参数	JSON 数组
参数说明	id：留言 ID content：留言内容 title：留言标题 author_id：留言者 ID loginname：留言者昵称 avatar_url：留言者头像 last_reply_at：最后回复时间

续表

<table>
<tr><td>返回示例</td><td>{
"success": true,
"data": [{
"id": "5cbfd9aca86ae80ce64b3175",
"author_id": "4f447c2f0a8abae26e01b27d",
"tab": "share",
"content": "",
"title": "Node 12 值得关注的新特性",
"last_reply_at": "2019-12-12T04:13:13.328Z",
"good": false,
"top": true,
"reply_count": 85,
"visit_count": 279442,
"create_at": "2019-04-24T03:36:12.582Z",
"author": {
"loginname": "atian25",
"avatar_url":
"https://avatars2.githubusercontent.com/u/227713?v=4&s=120"
}
}, {
"id": "5d9c9273865a9844a301a0a5",
"author_id": "5d9c9150865a9844a301a09e",
"tab": "share",
"content": "",
"title": "12 月 14 日，技术大牛齐聚 D2，带你解锁前端新姿势",
"last_reply_at": "2019-12-08T06:23:17.931Z",
"good": false,
"top": true,
"reply_count": 12,
"visit_count": 35439,
"create_at": "2019-10-08T13:43:15.568Z",
"author": {
"loginname": "jothy1023",
"avatar_url": "https://avatars2.githubusercontent.com/u/
14975630?v=4&s=120"
}</td></tr>
</table>

续表

返回示例

```
        },{
            "id": "5df1fbaac9ab2e579c215299",
            "author_id": "5df1fb6fc9ab2e579c215293",
            "tab": "ask",
            "content": "<div class=\"markdown-text\"><p><img src=
\"//static.cnodejs.org/FkpoBLZm9dNIDSkNeq7c0waSytUp\"
alt=\"CD4784726D2E026F26BE56E41A16B71F.jpg\"></p>\n</div>",
            "title": "为什么我的 result.isAdmin 没有值呢",
            "last_reply_at": "2019-12-12T12:10:48.830Z",
            "good": false,
            "top": false,
            "reply_count": 1,
            "visit_count": 76,
            "create_at": "2019-12-12T08:34:50.918Z",
            "author": {
                "loginname": "1064656851",
                "avatar_url": "https://avatars2.githubusercontent.com/u/
54178606?v=4&s=120"
            }
        }
]
}
```

3. 功能实现参阅

留言列表页使用的文件和组件如表10-10 所示。

表 10-10　留言列表页使用的文件和组件

序号	文件名称	说明
1	message.vue	请求留言数据
2	chooser.vue	页面选项卡组件

10.3.7 留言详情页和发布留言页

1. 界面参考效果

留言详情页和发布留言页界面参考效果如图10-14 和图10-15 所示。

2. 功能实现参阅

留言详情页使用的文件和组件如表10-11 所示。

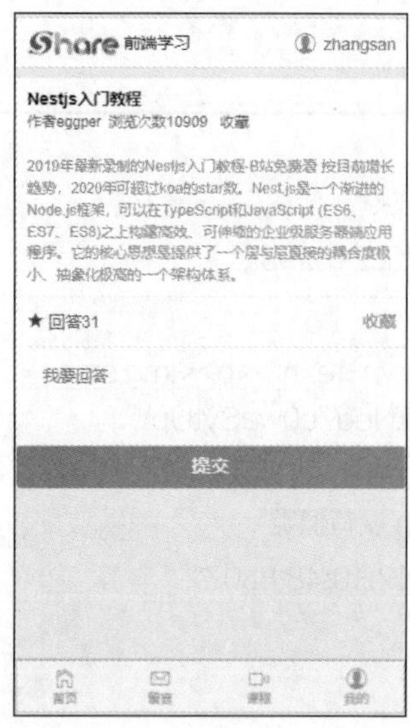

图 10-14　留言详情页界面参考效果

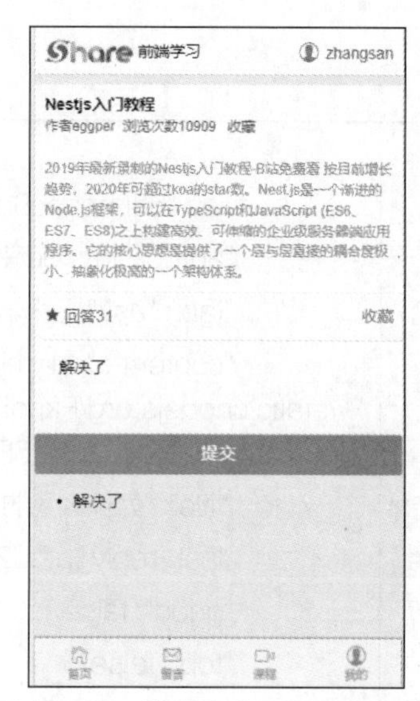

图 10-15　发布留言页界面参考效果

表 10-11　留言详情页使用的文件和组件

序号	文件名称	说明
1	messageDetail.vue	请求留言详情数据
2	this.$route.query.id	通过路由传参

10.3.8　注册登录界面

1. 界面参考效果

注册登录界面功能：选择登录或注册页、登录页、登录表单验证页界面参考效果分别如图10-16、图 10-17 和图10-18 所示。

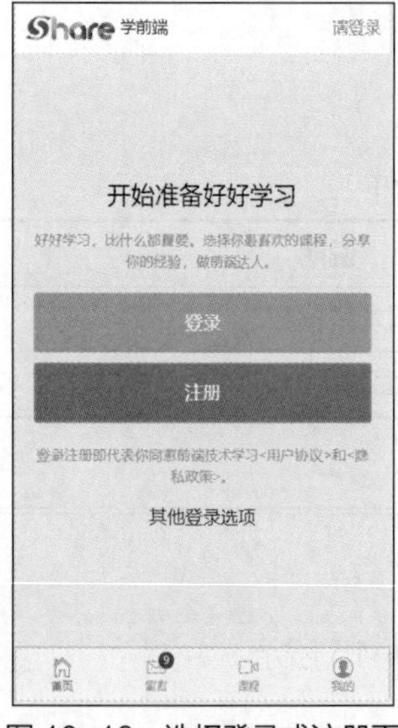

图 10-16　选择登录或注册页界面参考效果

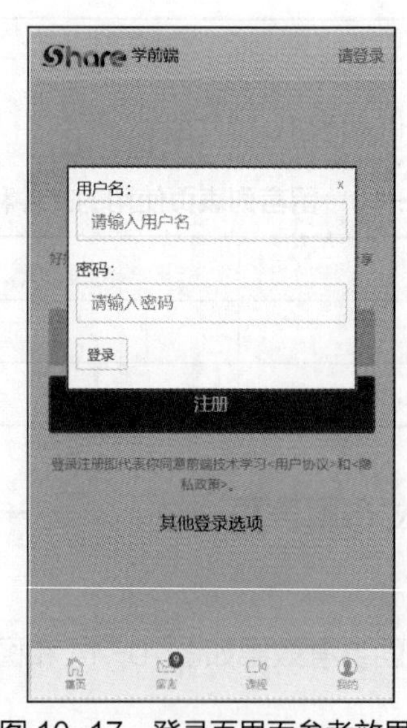

图 10-17　登录页界面参考效果

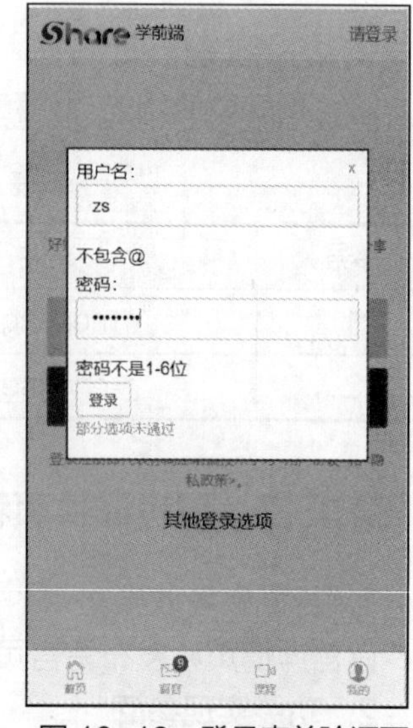

图 10-18　登录表单验证页界面参考效果

2. 功能实现参阅

登录页使用的文件和组件如表10-12 所示。

表 10-12 登录页使用的文件和组件

序号	文件名称	说明
1	login.vue	请求评论数据
2	Dialog.vue	登录对话框
3	Logform.vue	登录表单

10.3.9 个人中心页

1. 界面参考效果

个人中心页界面参考效果如图10-19 所示，我的收藏页界面参考效果如图10-20 所示。

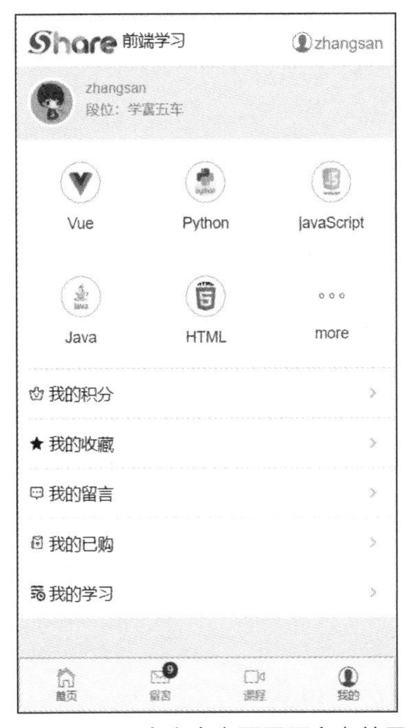

图 10-19 个人中心页界面参考效果

图 10-20 我的收藏页界面参考效果

2. JSON 接口

我的收藏信息接口的数据如表10-13 所示。

表 10-13 我的收藏信息接口的数据

功能说明	获取我的收藏信息接口的数据
URL 地址	http://localhost:8080/mycollect
参数列表：无	
请求示例	https://cnodejs.org/api/v1/topic_collect/alsotang
返回参数	JSON 数组

续表

参数说明	id：留言 ID content：留言内容 title：留言标题 author_id：留言者 ID loginname：留言者昵称 avatar_url：留言者头像 last_reply_at：最后回复时间

返回示例	{
	"success": true,
	"data": [{
	"id": "56e8c95dcf7763a6045c4ae4",
	"author_id": "54009f5ccd66f2eb37190485",
	"tab": "share",
	"content": "提供读取和打包它们的工具。\r\n\r\n* npm：npm ",
	"title": "JavaScript 资源大全中文版",
	"last_reply_at": "2016-07-21T02:08:50.996Z",
	"good": true,
	"top": false,
	"reply_count": 62,
	"visit_count": 18377,
	"create_at": "2016-03-16T02:47:57.528Z",
	"author": {
	"loginname": "i5ting",
	"avatar_url": "https://avatars3.githubusercontent.com/u/
	3118295?v=4&s=120"
	}
	},{
	"id": "56b70c15c3f170d2629955b5",
	"author_id": "54009f5ccd66f2eb37190485",
	"tab": "share",
	"content": "# 展望 Nodejs 2016 和新年祝福\r\n\r\n《素书》里讲“推古验今，所以不惑”，所以我们先回顾一下 2015 年 Nodejs 的发展，继而展望一下我的 2016 年关于 Nodejs 的想法和新年祝福",
	"title": "展望 Nodejs 2016 和新年祝福",
	"last_reply_at": "2016-06-11T07:13:18.605Z",
	"good": false,
	"top": false,
	"reply_count": 42,
	"visit_count": 33014,

续表

返回示例	"create_at": "2016-02-07T09:19:17.268Z",
	"author": {
	"loginname": "i5ting",
	"avatar_url": "https://avatars3.githubusercontent.com/u/3118295?v=4&s=120"
	}
	}]
	}

3. 功能实现参阅

个人中心页使用的文件和组件如表 10-14 所示。

表 10-14　个人中心页使用的文件和组件

序号	文件名称	说明
1	mine.vue	个人中心页面组件
2	mycollect.vue	我的收藏页面组件

4. 引用 iconfont 图标

Mint UI 作为一种基于 Vue.js 的移动端组件库，在移动端的前端开发中备受欢迎。Mint UI 提供的字体图标可通过查看 Mint 文档中的 iconfont.css 看到，只有 7 个图标。

在文件中使用图标的方法如图10-21 所示，浏览器中的图标效果如图10-22 所示。

```
<i class="mintui mintui-search"></i>
<i class="mintui mintui-more"></i>
<i class="mintui mintui-back"></i>
<i class="mintui mintui-field-error"></i>
<i class="mintui mintui-field-warning"></i>
<i class="mintui mintui-success"></i>
<i class="mintui mintui-field-success"></i>
```

图 10-21　在文件中使用图标的方法

图 10-22　浏览器中的图标效果

这些图标无法满足开发者的需求，因此需要引入更多的字体图标。下面介绍如何在 Mint UI 中引入 Iconfont 官网的图标。

在 Iconfont 官网上搜索自己需要的图标并将其加入图标库，单击“添加至项目”选项。Iconfont 官网的图标有多种引入方式，这里以项目形式引入，操作简单方便，如图 10-23 所示。

如果已经有项目存在，则选择需要加入的项目；如果没有项目，则单击“创建项目”图标，新建一个项目。进入项目页后，选择“Font class”模式，生成图标样式的引用地址，在 Vue 项目的 index.html 文件中引入即可，如图10-24 所示。引入样式的代码如下。

```
<link rel="stylesheet" type="text/css"
href="http://at.alicdn.com/t/font_1529426_fklx8674u2.css"/>
```

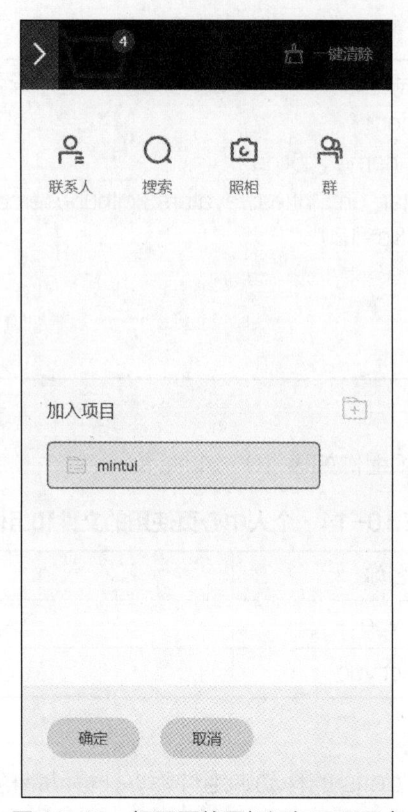

图 10-23 把需要的图标添加至项目中

图 10-24 生成图标样式的引用地址

至此，图标已经引入到项目中，接下来学习如何使用图标。Iconfont 的使用采用了 class 类名的形式，也就是说，需要引用哪个图标，就把对应图标的类名加在 HTML 标签上即可。需要注意的是，单纯地添加对应图标的一个类名是不行的，还需要添加图标库的 font-family。例如，Mint 中 7 个图标的 font-family 为“mintui”，所以在引入 Mint 的图标时，在每个<i>标签中都加入了“mintui”类名。同理，当使用从 Iconfont 官网中引入的图标时，也要加上 font-family 类名，Iconfont 官网图标库的默认 font-family 是“iconfont”。在文件中使用 Iconfont 图标的代码如下。

```
<i class="iconfont icon-lianxiren"></i>
```

以上所说的是通用的引入方式，即使用任何框架的任何项目都可以。Mint UI 中的很多组件已经封装了 icon 的引入方法，如<mt-cell>组件；引入图标时，只需要在其“icon”属性上添加对应图标的类名即可，如<mt-cell title="我的积分"icon="more"is-link></mt-cell>。但这个类名只能是其自带的 7 个图标，添加从 Iconfont 官网引入的图标并不适用，这是因为 font-family 不同。查看 Element 属性会发现，Mint 对 icon 属性的封装实质上默认添加了“mintui”类名和“mintui-”前缀，因此，在填写 icon 属性值时，只需要填写“more”即可。而引入的 Iconfont 图标，font-family 是“iconfont”，前缀是“icon-”，所以不能作为 Mint UI 中的 icon 属性值。下面来看如何修改 Iconfont 字体图标的前缀。

在 Iconfont 官网的“我的项目”页面中，选择“更多操作”→“编辑项目”选项，如图 10-25 所示；修改图标前缀，如图10-26 所示。

图 10-25　选择“更多操作”→“编辑项目”选项

图 10-26　修改图标前缀

保存设置后，注意观察，Iconfont 图标已从默认的“icon-”前缀变为“mintui-”前缀，如图10-27 所示，但修改项目后的样式超链接已经失效，需要重新生成超链接，并重新将超链接引入项目。

图 10-27　图标前缀修改后

这样，用户便可以在 icon 属性中使用引入的 Iconfont 图标，这意味着扩充了 Mint UI 中的图标。使用方法和 Mint 自带图标的使用方法相同，即将类名（不需要前缀）填写为 icon 属性值即可，示例代码如下。

```
<mt-cell title="我的积分" icon="icon" is-link></mt-cell>
<mt-cell title="我的收藏" icon="icon-test4" is-link></mt-cell>
<mt-cell title="我的留言"  icon="liuyan1" is-link></mt-cell>
<mt-cell title="我的已购"  icon="icon-test" is-link></mt-cell>
<mt-cell title="我的学习"  icon="ic_history" is-link></mt-cell>
```

使用 Iconfont 图标的效果如图10-28 所示。

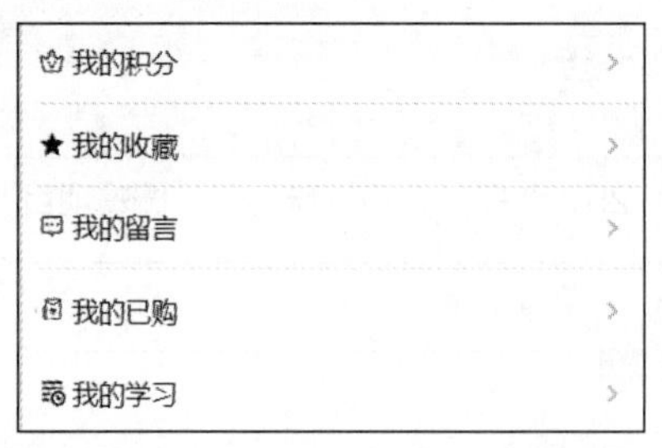

图 10-28　使用 Iconfont 图标的效果